U0169032

中国东部四大陆相断陷盆地页岩油气地质条件

ZHONGGUO DONGBU SI DA LUXIANG DUANXIAN PENDI
YEYAN YOUQI DIZHI TIAOJIAN

郭元岭　赵利东　王惠勇　著

中国地质大学出版社
ZHONGGUO DIZHI DAXUE CHUBANSHE

内容简介

本书在大量成果分析的基础上,详细阐述了中国东部渤海湾盆地、南襄盆地、江汉盆地、苏北盆地古近系陆相断陷盆地页岩油气地质条件。本书共分为 8 章,内容分别为页岩油气基本特征、沉积特征、烃源岩特征、岩相与储集性、含油气性与流动性、脆性与可压性、"甜点"评价以及资源潜力评价,体现了页岩油气地质研究的专业特点。

与专业教材、地质志、科研成果类书籍等的写作体例不同,本书自成系统地描述了中国东部四大陆相断陷盆地页岩油气的地质条件,重点突出了近 10 年来各专业的研究成果,可以为从事页岩油气地质勘探专业的科研人员及高等院校师生提供有益参考。

图书在版编目(CIP)数据

中国东部四大陆相断陷盆地页岩油气地质条件/郭元岭,赵利东,王惠勇著.—武汉:中国地质大学出版社,2024.3

ISBN 978-7-5625-5769-2

Ⅰ.①中… Ⅱ.①郭… ②赵… ③王… Ⅲ.①陆相-断陷盆地-油页岩-石油天然气地质-研究-中国 Ⅳ.①P618.130.2

中国国家版本馆 CIP 数据核字(2024)第 025314 号

中国东部四大陆相断陷盆地页岩油气地质条件	郭元岭 赵利东 王惠勇 著
责任编辑:韩 骑　　　　选题策划:张晓红 韩 骑	责任校对:徐蕾蕾

出版发行:中国地质大学出版社(武汉市洪山区鲁磨路 388 号)	邮编:430074
电　　话:(027)67883511　　　传　　真:(027)67883580	E-mail:cbb@cug.edu.cn
经　　销:全国新华书店	http://cugp.cug.edu.cn

开本:787 毫米×1092 毫米　1/16	字数:287 千字　　印张:11.5
版次:2024 年 3 月第 1 版	印次:2024 年 3 月第 1 次印刷
印刷:武汉中远印务有限公司	

ISBN 978-7-5625-5769-2	定价:128.00 元

前言

PREFACE

当前,以渤海湾盆地、南襄盆地、江汉盆地、苏北盆地为代表的的中国东部古近系陆相断陷盆地页岩油气勘探开发正处于快速起步阶段。较厚的页岩层系、优越的湖相环境、较高的地层温度,为东部陆相断陷盆地页岩油气的生成与富集奠定了良好的地质基础;纵向上薄层沉积韵律频繁转换的岩相储层特征,湖盆沉积中心相对稳定的构造运动环境,又为东部陆相断陷盆地页岩油气提供了良好的储集与保存条件。

在中国东部四大陆相断陷盆地页岩油气研究过程中,沉积学、地球化学、岩石矿物学、成藏地质学以及勘探工程等不同学科专业的科研人员,分别从不同角度对其地质条件进行了反复研究。从生产实践角度来看,陆相断陷盆地页岩油气属于典型的源储一体、源内成藏,有机质、成熟度与页岩厚度共同决定了页岩油气的富集程度,岩相、裂缝与地层压力共同决定了页岩油气能否获得高产。

为此,作者在重点分析近10年来中国东部四大陆相断陷盆地页岩油气研究成果的基础上,为充分反映页岩油气地质研究的特殊性,共同撰写了这本《中国东部四大陆相断陷盆地页岩油气地质条件》。

本书共包含8章内容。第一章重点介绍了页岩油气的概念、内涵及其基本特征,由中国石化石油勘探开发研究院郭元岭撰写;第二章主要介绍了四大陆相断陷盆地页岩油气在沉积环境、页岩层系特点等方面的研究成果,由郭元岭撰写;第三章主要介绍了陆相断陷盆地页岩油气的地球化学特征与生烃热演化特征,第一、二节由郭元岭撰写,第三至第九节由东北石油大学赵利东撰写,该作者撰写文字约8万字;第四章重点介绍了陆相断陷盆地页岩层系的岩相类型以及储集空间、储层物性等特征,由郭元岭撰写;第五章重点介绍了陆相断陷盆地页岩层系的含油气性与页岩油气流动性特征,由中国石化石油勘探开发研究院王惠勇撰写;第六章主要介绍了陆相断陷盆地页岩层系的脆性与可压性特征,由王惠勇撰写;第七章重点介绍了四大陆相断陷盆地页岩油气"甜点"特征与评价方法,由王惠勇撰写;第八章重点介绍了页岩油气的资源评价方法以及四大陆相断陷盆地页岩油气资源潜力,由王惠勇撰写。全书由郭元岭设计并最终统稿。

本书的顺利完成,得益于参考文献中每位作者的真知灼见和专业智慧,在此一并表示真挚的感谢。

本书内容涵盖了近年来渤海湾、南襄、江汉、苏北四大陆相断陷盆地页岩油气地质条件研究的新认识,专业性强、内容丰富、资料翔实、行文流畅、通俗易懂、图文并茂,可作为页岩油气地质勘探专业相关科研人员、高等院校相关专业师生的参考书。由于作者水平有限,书中难免存在不妥之处,敬请广大读者批评指正!

作者

2023 年 7 月

目录

C O N T E N T S

第一章 页岩油气基本特征 ·· (1)

第一节 页岩油基本特征 ·· (1)

第二节 页岩气基本特征 ·· (3)

第二章 沉积特征 ·· (6)

第一节 古近系沉积特征 ·· (6)

第二节 渤海湾盆地页岩层系沉积特征 ·································· (8)

第三节 南襄盆地页岩层系沉积特征 ·································· (13)

第四节 江汉盆地页岩层系沉积特征 ·································· (14)

第五节 苏北盆地页岩层系沉积特征 ·································· (15)

第三章 烃源岩特征 ·· (18)

第一节 地化指标 ·· (18)

第二节 渤海湾盆地页岩层系地化指标 ·································· (22)

第三节 南襄盆地页岩层系地化指标 ·································· (47)

第四节 江汉盆地页岩层系地化指标 ·································· (50)

第五节 苏北盆地页岩层系地化指标 ·································· (54)

第六节 渤海湾盆地页岩油气热演化特征 ································ (60)

第七节 南襄盆地页岩油气热演化特征 ·································· (80)

第八节 江汉盆地页岩油气热演化特征 ·································· (82)

第九节 苏北盆地页岩油气热演化特征 ·································· (84)

第四章 岩相与储集性 ·· (89)

第一节 渤海湾盆地页岩层系岩相与储集性 ······························ (91)

第二节 南襄盆地页岩层系岩相与储集性 ······························ (108)

第三节 江汉盆地页岩层系岩相与储集性 ······························ (111)

第四节 苏北盆地页岩层系岩相与储集性 ······························ (114)

第五章　含油气性与流动性 ·· (117)

　　第一节　渤海湾盆地页岩层系含油气性与流动性 ················· (118)

　　第二节　南襄盆地页岩层系含油气性与流动性 ···················· (129)

　　第三节　江汉盆地页岩层系含油气性与流动性 ···················· (130)

　　第四节　苏北盆地页岩层系含油气性与流动性 ···················· (132)

第六章　脆性与可压性 ··· (134)

　　第一节　渤海湾盆地页岩层系脆性与可压性 ······················ (134)

　　第二节　南襄盆地页岩层系脆性与可压性 ························· (139)

　　第三节　江汉盆地页岩层系脆性与可压性 ························· (139)

　　第四节　苏北盆地页岩层系脆性与可压性 ························· (140)

第七章　"甜点"评价 ·· (141)

　　第一节　渤海湾盆地页岩油气"甜点"评价 ························ (141)

　　第二节　南襄盆地页岩油"甜点"评价 ··························· (145)

　　第三节　江汉盆地页岩油"甜点"评价 ··························· (146)

　　第四节　苏北盆地页岩油"甜点"评价 ··························· (147)

第八章　资源潜力评价 ··· (149)

　　第一节　评价方法 ·· (149)

　　第二节　资源潜力 ·· (158)

参考文献 ·· (168)

第一章 页岩油气基本特征

第一节 页岩油基本特征

页岩油是指赋存于富有机质泥页岩层系及其中的薄层砂岩、碳酸盐岩致密夹层中的液态烃,以游离态、吸附态及凝析态赋存于微米或纳米级储集空间,在烃源岩内滞留或极短距离运移,生储盖一体,平面连续分布。有机质品质、类型与成熟度决定了油气类型及富集程度,岩性岩相、裂缝发育程度、油气物理性质、地层压力决定了油气流动能力。

按照我国石油天然气行业标准《页岩油储量计算规范》(SY/T 7463—2019)的定义,页岩油是赋存于富含有机质页岩层系中的石油。富含有机质页岩层系烃源岩内粉砂岩、细砂岩、碳酸盐岩单层厚度不大于 5m,累计厚度占页岩层系总厚度的比例小于 30%。由于页岩油无自然产能或低于工业石油产量下限,油气公司需采用特殊工艺技术措施才能获得工业石油产量。

根据这一定义,页岩油具有 5 个方面的基本特征。

(1)成因:有机质热演化成因。页岩油是在有机质热演化过程中,达到生油门限但尚未热裂解成天然气的液态烃。运移出烃源岩之外形成的石油聚集成为常规油藏或致密油藏,滞留于页岩层系中的即为页岩油。济阳坳陷古近系泥页岩生烃量远大于排烃量,油气大部分滞留于源岩中(图 1-1)。

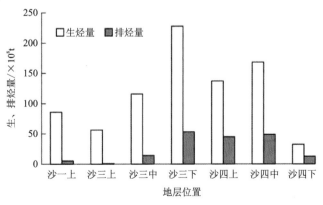

注:沙一上指沙河街组一段上部,以此类推。

图 1-1 济阳坳陷古近系不同层位泥页岩生、排烃量对比图(苗钱友等,2016)

页岩油层系多是盆地的主力烃源岩,在生油窗内往往油气共存,包括沥青、稠油、凝析油、轻质油等多种类型(单衍胜,2013;武夕人,2018)。赵文智等(2020)针对Ⅰ、Ⅱ₁型有机质,按有机质成熟度划分了不同类型页岩油分布段:镜质体反射率(R_o)小于0.5%为油页岩分布段;R_o为0.5%~1.0%是中低成熟度页岩油主要分布段,泥页岩中滞留油含量最高可达40%~60%,未转化有机质含量可达40%~80%;R_o为1.0%~1.6%是中高成熟度页岩油主要分布段;R_o大于1.6%是页岩气主要分布段(图1-2)。

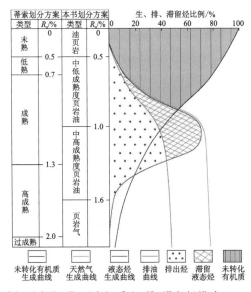

图1-2　陆相页岩Ⅰ、Ⅱ₁型有机质生、排、滞留烃模式(赵文智等,2020)

(2)储存状态:以游离态、吸附态及少量溶解态(溶解于天然气、地层水)赋存于页岩层系(泥页岩、与泥页岩互层或紧邻的薄层砂岩、碳酸盐岩等)中,未经运移或仅经过短距离运移的原地石油聚集。基质微孔隙和微裂缝是主要储集空间。游离态石油一般存在于裂缝和较大的粒间孔、溶蚀孔中。吸附态石油主要存在于有机质孔,以及较小的粒间孔、粒内孔中黏土、石英等矿物表面,吸附烃含量受有机碳含量、矿物类型及含量等控制。

(3)油藏特征:分布于页岩油层系中的石油即为页岩油。页岩油层系既包含含油的泥页岩,也包含与泥页岩互层的含油薄层砂岩、碳酸盐岩等。泥页岩既是生油岩也是储集岩,源岩与储层同层共存。陆相湖盆沉积的泥页岩层系厚度大,横向上沉积相变快,纵向上常为砂泥页岩互层,岩性、有机碳、含油性等非均质性强,常表现为纹层型、混积型、夹层型、互层型、厚层型等岩相类型(图1-3)。

我国陆相页岩油中,石英和碳酸盐含量与页岩油含量呈负相关关系;包友书等(2016)认为东营凹陷页岩油主要赋存于孔径大于10nm的孔隙中,王民等(2019)认为游离油赋存的孔径下限为5nm,可动油赋存的孔径下限为30nm。页岩油与传统油藏的明显区别在于,页岩油不属于任何传统意义上的圈闭类型,含油边界不明显。由于生烃增压,在较好的保存条件下,页岩油一般表现为异常高压。岩性、物性、含油性、电性、脆性、地应力各向异性、烃源岩特性是页岩油评价的"七性关系"。

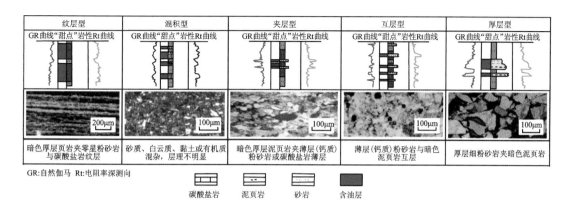

图 1-3 陆相页岩油岩相类型及特征(修改自赵贤正等,2021)

(4)资源分布:与国外页岩油主要分布于上古生界—新生界海相泥页岩不同,我国页岩油主要分布于中—新生界湖相泥页岩,埋藏较深,有机质以Ⅰ、Ⅱ型为主,有机质丰度高,脆性矿物含量较高(苏田磊,2019)。

页岩油"甜点区"的地质边界受页岩层系厚度、岩性、物性、有机质丰度、有机质类型、成熟度、埋深等因素共同控制。总体来看,陆相盆地中心及较深的斜坡部位,是页岩油有利分布区。尽管页岩油分布不受构造高点控制,但构造变形区往往是裂缝发育区,是页岩油"甜点区"的重要评价内容。取页岩油岩性、物性、含油性、流动性、可压性等参数各自评价标准之上的叠合区域,即为页岩油"甜点区"。平行最大主应力方向的断裂附近以及背斜高部位发育的构造裂缝—微裂缝、脆性矿物含量较高的有利岩相带,有机质含量高且处于最佳生油窗的区域,都是页岩油有利的"甜点区"。

(5)开发方式:页岩油赋存于微米和纳米尺度的孔隙系统中,储层渗透性差,原油流动性差,表现为非达西渗流特征,需要附加启动压力,用传统的钻采技术无法获得商业产量,需要利用水平钻井、井工厂、体积规模压裂等物理方式扩大页岩层的渗流通道,或者采用物理化学方式降低石油黏度,才能获得稳定的商业产量。中质油、轻质油、凝析油流动性较好,是当前页岩油勘探开发的重点目标。对于油质较重,尤其是埋藏300m以深且 R_o 小于 1.0% 的陆相中低成熟度页岩油(赵文智等,2020),原油流动性差,需要降黏开采。

第二节 页岩气基本特征

按照我国地质矿产行业标准《页岩气资源量和储量估算规范》(DZ/T 0254—2020)的定义,页岩气是赋存于富含有机质的页岩层段中,以吸附气、游离气和溶解气状态储藏的天然气,主体上是自生自储成藏的连续性气藏,属于非常规天然气,可通过体积压裂改造获得商业气流。

根据这一定义以及海相页岩气"二元富集"规律(郭旭升,2014,2022),页岩气具有 5 个方面的基本特征。

(1)成因:主要包括有机质热成熟演化作用与生物化学作用。有机质热演化程度较低的多为生物化学成因,热演化程度较高的主要是热演化成因。盆地边缘多发育生物化学气,盆地中心部位或较深斜坡区主要发育有机质热演化气。海相、海陆过渡相、陆相等沉积的泥页岩,均可成为有效的页岩气层。根据我国能源行业标准《页岩气资源评价技术规范》(NB/T 14007—2015)的规定,富含有机质的页岩(可含少量砂岩、碳酸盐岩等夹层)总有机质含量(TOC)不小于 1.0%,Ⅰ、Ⅱ₁ 型干酪根 R_o 不小于 1.1%,Ⅱ₂、Ⅲ 型干酪根 R_o 不小于 0.7%。不同类型有机质的总生气量顺序是Ⅰ型>Ⅱ型>Ⅲ型,在热演化生气窗内,生气门限依次降低;当 R_o 相同时,生气量顺序是Ⅲ型>Ⅱ型>Ⅰ型,当 $R_o>2\%$ 时,各类有机质仍具有相对稳定的生气能力(图 1-4)。

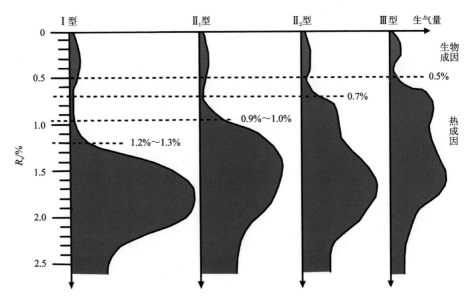

图 1-4　不同类型有机质生气模式对比图(姜文利,2012)

(2)储存状态:属于大规模生烃后达到排烃门限但尚未完全排出的、就地滞留于泥页岩内部的天然气,或经过短距离运移即聚集在页岩层系中的天然气。成藏过程为持续充注、原位聚集。天然气以游离状态储存于天然裂缝和孔隙中,以吸附状态储存于干酪根和黏土颗粒表面,以溶解状态储存于干酪根和沥青质中(单衍胜,2013;程涌等,2017)。其中,游离状态、吸附状态为主要的储存方式,吸附作用是页岩气成藏的重要机理和典型特征之一。生成的页岩气首先吸附在有机质与岩石颗粒表面,当吸附气与溶解气达到饱和时,富余的天然气才以游离状态进行运移和聚集。游离态页岩气赋存在泥页岩或与泥页岩互层的薄层砂岩、碳酸盐岩之中。碳酸盐烃源岩吸附烃主要包括胶结作用的化学吸附、矿物表面的物理吸附和毛细管束缚。贾承造等(2014)认为,页岩气层系中,20%~85%的气体吸附在干酪根或者泥质颗粒表面,25%~30%的气体以自由游离状态充填在裂缝或者粒间孔隙中,剩下极少部分溶解在干酪根、沥青质和水中。截至 2020 年底,从全国页岩气探明地质储量来看,游离气储量占 2/3,吸附气储量占 1/3。

(3)气藏特征:分布于页岩层段中的天然气即为页岩气,属于烃源岩与储集层共生共存的原生气藏。暗色泥页岩、高碳泥页岩既是气源岩,也是储集层。页岩储层致密,孔隙度、渗透率低于常规储层物性下限,有机质分解形成的有机孔与生烃增压膨胀造隙是重要的储集空间来源,裂缝是页岩气的主要运移通道。石英、长石、方解石等脆性矿物含量直接影响着页岩基质孔隙和微裂缝发育程度,也影响着压裂改造效果。页岩层的顶、底板岩层为致密隔层,内部无明显水层,不属于传统意义上的圈闭类型,含气边界不明显。页岩层中天然气运移主要是受解吸、扩散、渗流等机制共同控制,运移动力为生烃增压产生的剩余压力,运移阻力为毛细管压力,区域水动力影响较小,浮力作用受限,不符合达西渗流特征。由于生烃增压,在较好的保存条件下,页岩气一般表现为异常高压。岩性、含气性、储集性、可压性是页岩气地质评价的"四性地质参数"。

(4)资源分布:我国页岩气资源在海相、海陆过渡相、陆相沉积地层中均有分布。处于富含有机质的页岩层段中,气源岩面积和有效封盖层共同控制了含气范围,页岩气大面积连续分布。资源规模大,但采收率较低(国内技术采收率一般为$20\%\sim25\%$),存在高丰度、高产能的"甜点区"。取页岩气"四性地质参数"各自评价标准之上的叠合区域,即为页岩气"甜点区"。平行最大主应力方向的断裂附近以及背斜高部位发育的构造裂缝—微裂缝,脆性矿物含量较高的有利岩相带,有机质含量高的区域,都是页岩气有利的"甜点区"。

(5)开发方式:页岩气赋存于微米和纳米尺度的孔隙系统中,表现为非达西渗流特征,需要附加启动压力。用传统的钻采技术无法获得商业产量,需要利用长水平钻井、井工厂、体积规模压裂等技术扩大页岩层的渗流通道,才能获得稳定的商业产量。

第二章　沉积特征

　　中国东部典型的陆相断陷盆地主要包括渤海湾、南襄、苏北、南华北、江汉等以古近系陆相烃源岩为主的含油气盆地，其构造成因以中新生代太平洋板块北西西向俯冲、地幔上涌，以及郯庐断裂带北东东向剪切走滑等联合作用形成的古近系伸展裂谷为主要特征；沉积体系以单断式箕状断陷陆相湖盆发育的砂泥岩体系为主要特征，部分含有膏盐层；油气成因以古近系温暖—湿润气候条件下咸水、半咸水、淡水湖泊中沉积的腐泥—腐殖型烃源岩热演化为主要特征。本书讨论的页岩油气是指上述盆地古近系以富含有机质页岩层系为主的滞留油气。

第一节　古近系沉积特征

　　中国东部陆相断陷盆地古近系自下而上划分为古新统、始新统、渐新统三部分，每一部分都具备发育页岩油气的地质条件，根据当前的勘探开发及研究程度，每个盆地的重点页岩油气层系各不相同。

一、古新统沉积特征

　　古新世时期，中国东部各盆地基本上继承了晚白垩世的块断型箕状构造特征，由于各盆地不同的气候特点，发育了不同的页岩层系。

　　渤海湾盆地古新统孔店组—沙（沙河街组）四下是在燕山运动末期断陷基础上发育起来的干旱—半干旱局限封闭型盐湖相沉积。辽河坳陷古新统—始新统房身泡组分布广泛，厚度变化较大，下段主要发育玄武岩类，上段为暗紫色泥岩、砂泥岩和煤层，不具备烃源岩条件。黄骅、济阳坳陷自下而上总体表现为"红—黑—红"的砂泥岩沉积，夹有盐层、石膏层。孔（孔店组）二段、沙四下沉积时期，在深洼部位发育较厚的黑色、深灰色、灰色泥页岩、油页岩，具有一定生烃能力，成为沧县、沾化、东营、潍北等凹陷的有效烃源岩。其中，沧东凹陷孔二段已成为页岩油勘探开发的重点层系。冀中坳陷在廊固凹陷、霸县凹陷、晋县凹陷及饶阳凹陷南部发育了孔店组烃源岩，但有机质丰度偏低，烃源岩品质较差。东濮凹陷沙四下紫红色、浅棕色砂泥岩直接超覆于三叠系之上，且由南向北逐渐缺失沙四下。

　　南襄盆地古新统玉皇顶组，形成于主断陷发育早期，湖盆范围扩大，靠近控盆断裂一侧发育低水位期河流相暗棕色泥岩与浅棕红色砂砾岩，不具备生油气能力。江汉盆地古新统沙市组主要发育厚层紫红色泥岩夹粉砂岩及泥膏盐与盐岩，不具备生油气能力。

　　苏北盆地古新统阜宁组属于盆地快速沉降期地层，沉降中心位于深凹带，自下而上划分为阜一段—阜四段。其中,阜二段主要发育湿热气候条件下的封闭咸湖相黑色泥岩、灰质泥岩、油页岩,是全盆地分布的富含有机质页岩层系。阜四段沉积期是苏北盆地最大范围的湖侵期,主要发育温暖湿润气候条件下的半深湖—深湖相暗色泥岩、钙质泥岩、碳酸盐岩、油页岩,是苏北盆地主力烃源岩之一,但后期的吴堡事件导致阜四段出现不同程度剥蚀而保存不全。

二、始新统沉积特征

始新世时期,中国东部由亚热带干旱炎热气候转变成温暖湿润气候,断陷活动强烈,湖水注入量大于蒸发量,是主要的构造沉积期。

渤海湾盆地始新统包括沙四上亚段—沙二下亚段。沙四上是断陷盆地发展阶段的产物,除辽东坳陷东部凹陷、黄骅坳陷南堡凹陷缺失沙四段外,其他断陷接受间歇海侵,古生物富集,沉积了咸水—半咸水湖相泥页岩,是主要的烃源岩层系。沙四上顶面对应第一期最大湖泛面,沙四上与沙三下之间为连续沉积。沙三下沉积时期,断陷构造活动强烈,地形高差大,形成深湖—半深湖沉积环境。沙三中沉积时期因断陷构造活动逐渐趋向稳定,气候湿润,湖水注入量大大超过蒸发量,总体发育淡水湖相泥页岩。沙三上沉积时期,沿断陷长轴方向发育大型三角洲进积式沉积,暗色泥页岩不发育。沙二下沉积时期,渤海湾盆地湖盆萎缩,水体变浅,整体处于干旱炎热环境,暗色泥页岩不发育。沙二下沉积末期,盆地出现短暂抬升,结束了始新世海侵—湖泛水体变迁的沉积旋回。

南襄盆地始新统自下而上可划分为大仓房组、核(核桃园组)三段、核二段。大仓房组沉积时期,气候干旱,水体半咸,以河流冲积平原相沉积为主,暗色泥岩不发育。核三段沉积时期表现为半干旱气候条件,控盆断裂强烈活动,湖盆面积不断扩张,发育了厚层盐湖相灰黑色、灰色及灰绿色等泥页岩和油页岩,是南襄盆地主要的页岩油层系。核二段沉积时期,气候湿润,盐湖水体变浅,主要发育深灰色—灰色泥页岩及油页岩,与核三段相比,烃源岩热演化程度较低,也是重要的页岩油层系。核二段沉积晚期,南襄湖盆开始萎缩。

江汉盆地始新统自下而上发育新沟嘴组、荆沙组、潜江组四段、潜江组三段等地层,在新沟嘴组、潜江组中分别发育了暗色泥页岩与膏盐岩互层,成为两套重要的页岩油层系。新沟嘴组沉积时期,江汉盆地属于亚热带半干旱—半潮湿气候,水体咸—半咸,沉积中心较为分散,盆地大部分地区被氧化浅水湖盆的半咸水盐湖膏岩盐与泥页岩沉积覆盖。荆沙组沉积时期,江汉盆地属于亚热带干旱气候,水体变浅,以淡水为主,主要发育氧化环境沉积的红色泥质岩类、泥膏盐。潜江组沉积时期,江汉盆地属于亚热带干旱湿润交替变化的气候状态,在半开放—半封闭性、高盐度水体以及强蒸发还原环境下,发育了巨厚的膏盐岩、泥页岩互层,形成具有盐湖特色的咸化泥页岩层系。一个干湿气候交替就形成一个由暗色白云质泥岩、泥质白云岩与石盐组成的米级含盐韵律。在蚌湖洼陷及周矶洼陷,含盐韵律层极其发育,数量可达 193 个,平面分布广泛,是盆地最主要的页岩油层系。

苏北盆地始新统戴南组、三垛组主要为亚热带温暖湿润气候条件下沉积的河流、泛滥平原、浅湖沼泽相地层,暗色泥页岩不发育。

三、渐新统沉积特征

渐新世时期,中国东部由亚热带干旱炎热气候转变成温暖湿润气候,断陷活动强烈,湖水注入量大于蒸发量,是主要的构造沉积期。

渤海湾盆地渐新统自下而上发育沙二上、沙一段、东营组。沙二上沉积时期属于半干旱气候,水体变浅,暗色泥页岩不发育。进入沙一段沉积时期,渤海湾盆地再次海侵,湖盆再度大范围扩张,形成断陷期第二期最大湖泛面,发育大范围的湖相碳酸盐岩、暗色泥页岩、油页岩等特殊岩性,也是重要的烃源岩层系之一。东营组沉积时期,鲁西隆起快速抬升,渤海湾盆地南升北降,济阳坳陷发育大型辫状河三角洲体系,断陷盆地趋于消亡,完成了断陷盆地自沙二上到东营组的第二轮湖泊发育演化过程。辽河坳陷中—北部为过补偿充填,发育巨厚的泛滥平原相地层,南部发育湖相深灰色泥岩,在海域局部发育有效烃源岩。东营组沉积末期,渤海湾盆地抬升,部分地区遭受剥蚀,结束了古近纪断陷盆地发育阶段。

南襄盆地渐新统核一段、廖庄组沉积时期,气候由温暖湿润转为干旱,构造活动趋于结束,湖盆范围明显收缩,水体淡化变浅,直至湖盆消亡,地层以河流—滨浅湖相为主,暗色泥页岩不发育。

江汉盆地渐新统潜江组二段、一段,荆河镇组沉积时期,属于亚热带潮湿气候,断陷构造活动减弱,逐渐向坳陷转化,湖水逐渐由盐水转为淡水,暗色泥页岩不发育。荆河镇组沉积末期,大部分地层遭受抬升剥蚀。

苏北盆地由于三垛运动的抬升剥蚀,缺失渐新统。

第二节 渤海湾盆地页岩层系沉积特征

渤海湾盆地古近系页岩层系主要为始新统—渐新统半干旱—半潮湿气候条件下沉积的咸水—半咸水—淡水湖相灰色、深灰色、灰黑色、深灰黑色泥岩及棕褐色油页岩,局部夹有石膏、盐岩及碳酸盐岩。烃源岩厚度可达 $1500\sim2000m$,有些凹陷超过 $3000m$。不同坳陷烃源岩发育时间略有差异,厚度也有很大差异,主力烃源岩层系也有差异。辽河西部凹陷主要烃源岩为沙四段、沙三段;歧口、南堡凹陷主要烃源岩为沙三段、沙一段,其次是东营组三段;饶阳凹陷主要烃源岩为沙三上段、沙一下段;东营、沾化凹陷主要烃源岩为沙四上、沙三下;东濮凹陷主要烃源岩为沙三段、沙一段。TOC 分布范围为 $0.5\%\sim10\%$,主要分布为 $1\%\sim4\%$。有机质类型从 III 型至 I 型均有发育,其中以 I、II$_1$ 型为主,部分为 II$_2$、III 型。由于各凹陷烃源岩埋深差异大,钻井样品的 R_o 分布范围为 $0.4\%\sim1.5\%$,涵盖了未熟、低熟、成熟、高成熟的完整演化序列。

一、辽河坳陷

辽河坳陷当前的页岩油气研究重点主要是西部凹陷的沙四段、沙三段。

辽河坳陷西部凹陷沙四段、沙三段沉积时期,裂陷与块断作用强烈,沉降速度大,在半深湖—深湖沉积环境中发育了巨厚的暗色富有机质泥页岩,厚度大,埋深适中,连续性好,既是最重要的烃源岩,也是有利的页岩油气层段。

其中,沙四段快速湖侵,浅水广盆,泥页岩单层厚度 5~32m,累计厚度 50~700m,埋藏深度 600~5000m,北厚南薄、东厚西薄。沙四上亚段共发育 3 个页岩厚度中心,自北向南厚度分别为 100~150m、150~270m、50~100m(图 2-1)

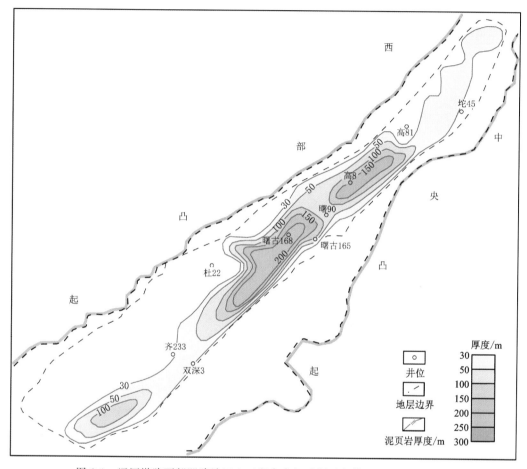

图 2-1 辽河坳陷西部凹陷沙四上亚段富有机质泥页岩等厚图(毛俊莉,2020)

沙三段缓慢湖侵,深水窄盆,泥页岩单层厚度 8~45m,累计厚度 100~1800m,埋深 1200~4500m,整体上中部、中南部厚,向边部减薄。有机质类型变化较大,例如,清水洼陷沙三段扇三角洲沉积区主要为 II_2~III 型干酪根,半深湖—深湖主要为 II_1 型干酪根,深湖则主要为 I 型干酪根。

辽河西部凹陷泥页岩埋深大于 5000m 时,R_o>1.3%,以生成凝析油和原油裂解气为主,是页岩油气共生区。特别是在沙三段底部和沙四段,各洼陷中心的泥页岩埋深大于 5600m,R_o>1.6%,以大量生气为主,为页岩气富集范围。洼陷中心较浅部位,沙四段和沙三段泥页岩有机质 R_o>0.7%,以生油为主,是页岩油聚集范围。在洼陷边缘斜坡区,纵向上沉积类型频繁交替,有机质类型也互层交错,0.5%<R_o<1.2% 时,I 型干酪根以生成轻质油为主,

Ⅱ型干酪根则油气共生，Ⅲ型干酪根以生成甲烷干气为主伴生少量液态烃，因此，边缘斜坡区常出现页岩油气纵向频繁互层的现象。

受沉积相带、有机质类型、埋藏深度等影响，辽河西部凹陷沙四段到沙三段，纵向上依次发育页岩气→页岩油气→页岩油→页岩气，沙四段以页岩油为主，沙三段以页岩气为主；平面上，洼陷中心区以页岩油为主，盆缘斜坡区页岩油气频繁交互，总体上呈现"北油南气"的布局（图 2-2）。

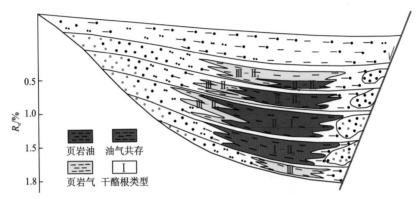

图 2-2　辽河坳陷西部凹陷页岩油气分布模式剖面图（据单衍胜等，2016）

二、黄骅坳陷

黄骅坳陷当前的页岩油研究重点主要是沧东凹陷孔二段、中—北区沙河街组。

黄骅坳陷南部的沧东凹陷勘探面积 1500km²。孔二段泥页岩形成于相对封闭的湖盆环境，厚度为 200～400m，有机质类型以Ⅰ、Ⅱ₁型为主，TOC 普遍大于 2%，生烃潜量（S_1+S_2）多数大于 20mg/g。孔二段页岩埋藏南段较深（3500～4200m），北段较浅（2700～3800m），有机质热演化程度适中，处于大量生油阶段，主要发育页岩油。湖盆中心厚，四周薄，泥页岩主要分布在湖盆中部的半深湖主体区，有利面积为 260km²（图 2-3 中深蓝色区域）。

黄骅坳陷中—北区沙河街组半深湖—深湖相富有机质暗色泥页岩主要分布在板桥及歧口凹陷，累计厚度 700～2500m，其中沙三段、沙一段厚度最大，分布范围广。沙三段泥页岩在板桥、歧口凹陷的累计厚度最大为 1600m，富有机质泥页岩厚度为 10～300m，分布面积为 3439km²，岩性为深灰色及褐灰色泥岩、钙质页岩、油页岩夹砂质条带等（图 2-4）。

歧口凹陷在沙三段沉积晚期，即沙三段一亚段沉积时期，在港西凸起东面朝向洼陷带一侧，平行于湖岸线发育了一个弧形环带，环带面积约 324km²。根据矿物成分，环带可划分为半深湖—深湖相长英质页岩区（约 285km²）和碳酸盐质页岩区（约 39km²），是页岩油有利区。歧口主凹和板桥次凹已经进入大量生气阶段（周立宏等，2021）。

歧口凹陷西南缘大面积发育湖相碳酸盐岩，有利区面积约 1500km²，沙一下油页岩、暗色泥岩与白云岩、致密砂岩互层，具备生成低熟页岩油气的能力。

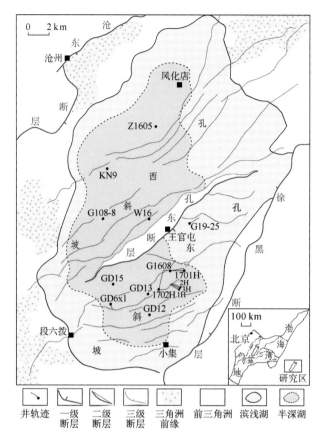

图 2-3　沧东凹陷孔二段页岩沉积有利区(据韩文中等,2021)

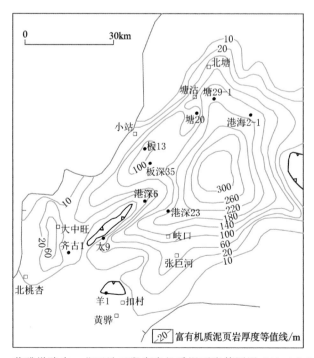

图 2-4　黄骅坳陷中—北区沙三段富有机质泥页岩等厚图(据何建华等,2016)

三、冀中坳陷

冀中坳陷古近系主要发育孔店组—沙四段,沙三下、中亚段,沙一下亚段 3 套烃源岩(杨帆等,2020;王丹君,2021;崔永谦等,2021;郑民等,2021)。

孔店组—沙四段沉积时期主要为亚热带气候条件,沙四段沉积时期为干旱炎热古气候,水体分布在多个分割的小断陷之中,烃源岩主要为深湖—半深湖相沉积。霸县洼槽区沙四段 TOC>1.0%的烃源岩厚度为 90～290m。孔店组—沙四段烃源岩主要分布在廊固凹陷、霸县凹陷、晋县凹陷及饶阳凹陷南部,最大厚度为 200～2400m,总体有机质丰度偏低,烃源岩品质较差。

沙三下亚段沉积时期开始转变为较湿润、温度低的气候环境,裂谷活动进一步增强,湖水深度增加,湖盆面积进一步扩大,水体为微咸水—淡水,底部具有还原缺氧的环境,沉积了巨厚的暗色泥岩和油页岩。沙三中亚段沉积时期高等植物繁盛,对有机质贡献大。沙三上亚段沉积时期,温度上升,气候转变为干旱炎热,湖泊水体变浅。沙三下、中亚段烃源岩在整个东部凹陷带都很发育,北部最厚 2000m,南部最厚 500m,岩性主要为深灰色、灰色泥岩及灰褐色油页岩。

沙一下亚段沉积时期湖盆发生了一次快速湖侵。沙一下亚段气候条件从沙二段的干旱炎热环境转变为温暖湿润环境,湖盆面积扩大,但水体较沙三段要浅,水体咸化,保存条件好。沙一下亚段烃源岩累计厚度 50～350m,最厚达 506m,最大单层厚度 75m,主要分布在饶阳凹陷、束鹿凹陷,岩性主要为灰色、深灰色泥岩,灰白色含膏泥岩,灰褐色油页岩与灰色泥灰岩。

四、济阳、昌潍坳陷

济阳坳陷主力页岩油层段沙四上、沙三下亚段继承性发育,水体盐度高,盐度 6‰～35‰。其中,沙四上发育较大面积的咸水—半咸水半深湖—深湖相泥页岩,厚度 150～600m,以深灰色油页岩、泥岩为主;沙三下水深增加,发育半咸水—微咸水半深湖—深湖相泥页岩,厚度 150～900m,以深灰色厚层泥岩夹油页岩为主,泥页岩富含碳酸盐矿物。当前的研究重点主要集中在东营凹陷的利津、牛庄、博兴、民丰等洼陷,以及沾化凹陷的渤南、四扣等洼陷。

东营凹陷古近纪发育北断南超式的箕状断陷。沙四上沉积时期,湖水具有较稳定的盐度和密度分层,底水为富硫化氢强还原条件,有利于有机质保存,有机质丰度高,TOC 平均 2.79%,泥页岩厚度 100～400m。沙三下沉积时期,湖水略有淡化,但湖水加深弥补了有机质保存条件变差的不足,有机质丰度高,TOC 平均 4.9%,泥页岩厚度 100～300m(图 2-5)。纵向上,沙四上、沙三下继承性发育,泥页岩厚度由洼陷中心向边缘逐渐减薄,有机质类型以 I、II$_1$ 型为主。沙四上泥页岩发育两个生烃高峰,即 2200～2800m 为未熟—低熟油生烃高峰,3000～3800m 为成熟油生烃高峰;沙三下只在 3000～3700m 发育成熟油生烃高峰。

昌潍坳陷潍北凹陷孔店组二段潮湿气候深湖—半深湖相暗色泥岩厚度 100～400m,埋深 1600～3800m,分布面积大于 200km²。孔二段上亚段下部、中亚段下部暗色泥岩段平均含气量大于 1m³/t,具有页岩气勘查开发潜力。潍北凹陷孔二段富含有机质泥页岩,主要分布在北部洼陷带,主要发育暗色泥岩、碳质页岩、煤层、油页岩等,以暗色泥岩为主,单层厚度 5～

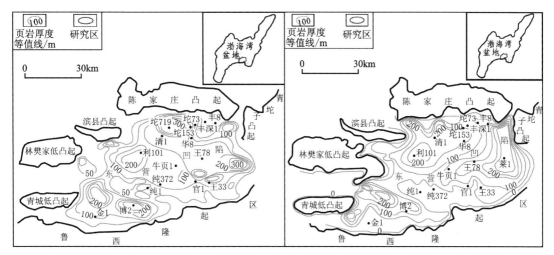

图 2-5　东营凹陷沙四上(左)、沙三下(右)泥页岩等厚图(据张林晔等,2014)

15m,累计厚度大于 500m,平面连续性强。纵向上碳质页岩呈薄层状与煤层交替,主要分布在北部洼陷带南侧及瓦城断阶北部一带,单层厚度 3～5m,最大厚度可达 30m 以上(纪洪磊等,2017)。

五、东濮凹陷

东濮凹陷页岩油主力层段为强烈断陷期的沙四上、沙三下亚段,凹陷北部古盐度普遍超过 10‰,部分超过 35‰,主要发育干旱与潮湿气候频繁交替、湖平面频繁升降条件下的半深湖—深湖相盐岩、碳酸盐岩与泥页岩的韵律互层,在页岩层段内,碳酸盐岩纹层、黏土矿物纹层与富有机质纹层互层共生。沙四上暗色泥页岩累计厚度 600m,由前梨园洼陷向周边逐渐减薄;沙三下暗色泥页岩累计厚度 700m,主要分布在北部的海通集、前梨园洼陷和南部的葛岗集洼陷。有机质类型主要为 II_1、II_2 型,部分为 I 型。北部含盐区、无盐区生烃门限成熟度 R_o 分别为 0.3%、0.4%,有利于页岩油富集。

此外,渤海湾盆地沙一下亚段页岩广泛分布于黄骅、济阳、冀中、辽河等坳陷,厚度一般大于 50m,埋深 2500～4500m,普遍具有“高黏土矿物含量、较高储层敏感性、中等—偏低成熟度”等特征,$TOC>1.0\%$、$R_o>0.5\%$ 的页岩油有利区范围达 $2681km^2$,页岩油地质资源量达 $21.9\times10^8 t$(赵贤正等,2022)。

第三节　南襄盆地页岩层系沉积特征

泌阳凹陷页岩油主力层段为核三段、核二段,咸水—淡水半深湖—深湖相泥页岩厚度中心位于南部深洼区的安棚地区,分布面积约 $400km^2$,累计厚度 200～600m,埋深 1700～4500m,西北薄、东南厚。核三上段自上而下划分为 I～IV 号砂层组,可划分出 6 套页岩层,其中 5 号页岩层为黑色页岩与深灰色泥岩互层,6 号页岩层为黑色泥岩和灰色白云质页岩。富含有机质泥页岩段主要集中在南部深洼区的核三段 II、III 砂组最大湖泛面附近,累计厚度 30～

77m,面积 80～120km²,埋深 1700～3400m(王敏等,2013;章新文等,2015;贾艳雨,2021)。TOC 为 2.14%～4.96%,平均为 3.27%,有机质类型以 Ⅰ、Ⅱ₁ 型为主,深洼区 R_o 为 0.7%～1.1%,以页岩油为主(柯思,2017)。

南阳凹陷核三段沉积后期至核二段沉积中期湖盆最为发育,深洼区沉积了巨厚的较深湖相暗色泥页岩,单层厚度一般大于 30m,分布面积约 570km²,埋藏深度 2000～3000m(杨傲然等,2013)。核三上亚段 TOC 平均为 1.25%,R_o 为 0.56%～1.23%,处于低熟—成熟阶段。

第四节　江汉盆地页岩层系沉积特征

潜江凹陷潜江组为盐湖相沉积,地层厚度约 6000m,暗色泥页岩厚度可达 2200m,共有193 个含盐韵律层,单个韵律层厚度一般 5～20m,最厚达 38m。页岩油主力层段为潜三下段和潜四下段,纵向上砂岩、暗色泥页岩、白云岩、盐岩及泥膏岩互层伴生。

在潜江凹陷中北部的咸淡过渡区,上、下盐岩之间多发育 2 个以上韵律层,泥页岩中长英质矿物、碳酸盐矿物含量高。在凹陷中南部的盐韵律区,上、下盐岩之间通常只发育 1 个韵律层,页岩油主要发育在白云质页岩、泥质白云岩中(王韶华等,2022)。

通常所说的盐间页岩油主要是指顶底板盐岩之间夹持的一套富有机质泥页岩、白云质页岩、钙芒硝岩混积地层,厚度一般为 5～12m,油气被上、下稳定盐岩的区域有效封闭(曾宏斌等,2021)。在蚌湖向斜南带,潜 3_4^{10} 韵律盐间细粒岩的上部、下部分别为连续分布且累计厚度 15～23m 和 6～11m 的盐岩层作为顶板、底板,由王场背斜区至蚌湖向斜南区,上、下盐岩呈增厚的趋势(李志明等,2020)。

盐间页岩油发育在潜江组多个含盐韵律层中,分布面积超过全凹陷的 50%,呈薄层状叠置分布(沈均均等,2021;刘心蕊等,2021;王韶华等,2022)。由于古气候干湿频繁交替,且长期处于高含盐、强蒸发条件下,砂岩、泥页岩、盐岩、碳酸盐岩尖灭线错综复杂(图 2-6)。当前重点研究的"甜点层"——潜 3_4^{10} 韵律层是指潜三段 4 油组第 10 个韵律小层。

潜江凹陷蚌湖向斜区潜 3_4^{10} 韵律层顶界埋深 1700～3550m,其中王场背斜带埋深 1700～2600m,蚌湖洼陷区埋深 2800～3550m。由于地温梯度较高,达 3.66℃/100m,烃源岩埋深在1679m 即进入生烃门限。

王场背斜带潜 3_4^{10} 韵律层主要属于低成熟,0.55%<R_o≤0.70%;在蚌湖洼陷区则处于成熟阶段,0.70%<R_o≤1.24%。实验表明,盐类的存在明显加速了成烃演化,因此,有机质在 0.70%<R_o≤0.80% 的热演化区间内即实现了快速生油(李志明等,2020)。

江汉盆地新沟嘴组发育稳定的坳陷沉积地层,厚度和岩性较为均一。陈沱口凹陷北部洼陷带厚度可达 540m。新沟嘴组下段是主要的页岩油层段,自下而上划分为Ⅲ油组、泥隔层、Ⅱ油组、Ⅰ油组 4 个部分。Ⅲ油组主要为红色泥岩、灰色膏质泥岩和粉砂岩互层,厚度在150m 左右。泥隔层主要为深色泥页岩,见少量薄层膏质泥岩和粉砂岩,厚度在 30m 左右,沉积范围广。Ⅱ油组主要为深色泥岩、白云质泥岩、泥质白云岩、膏质泥岩和钙芒硝岩层等,厚度在 100m 左右。Ⅰ油组主要为红色、灰色泥岩和灰色膏质泥岩,厚度在 130m 左右,顶部发育一套全盆稳定连续沉积的膏岩层盖层(白楠,2022)。

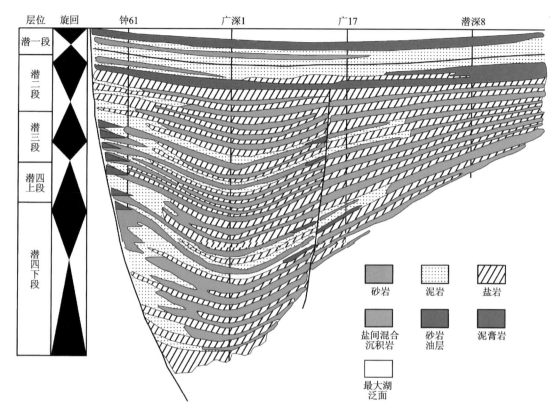

图 2-6　潜江凹陷潜江组地层发育模式图(据范仕超,2020)

第五节　苏北盆地页岩层系沉积特征

苏北盆地阜宁组二段、四段暗色泥页岩最为发育,属较稳定的较深湖相沉积,是页岩油主力层系。阜二段沉积时期,湖盆较为平缓,西高东低,周围高差不大,地层厚度一般 200~400m,分布广,受海侵影响主要发育灰黑色泥岩,纵向上可划分为 5 个亚段(图 2-7)。溱潼凹陷阜二段暗色泥岩厚度 150~400m。阜四段沉积时期,主体为半深湖—深湖环境,地层厚度 300~400m,最厚达 500m,主要发育灰黑色泥岩夹薄层泥灰岩。金湖凹陷汊涧和龙岗次凹阜四段最厚约 400m,高邮凹陷深凹带最厚可达 500m,海安、盐城、溱潼凹陷厚度小于 200m(芮晓庆等,2020)。

金湖凹陷北港次洼面积 202km²,阜二段地层厚度 180~240m,上部为深湖相灰黑色泥岩,厚度 70~80m,在金湖凹陷普遍发育,突破压力高达 25.9MPa;中部为灰黑色泥灰岩、含灰—灰质泥岩及泥质白云岩互层;下部为粉、细砂岩与灰黑色泥岩、泥灰岩不等厚互层,厚度 80~100m,砂岩厚度 1~4m,渗透率(0.146~0.025)×10⁻³μm²,渗透性较差,油气显示不活跃。中部泥灰岩段为页岩油主力层段。阜二段埋深 3000~4000m,$R_o>1.0\%$;阜四段 R_o 为 0.7%~1.0%,以生油为主(昝灵,2020)。

高邮凹陷阜二段自上往下,古气候从半干热→干热→温湿,水体从半咸水→咸水→正常

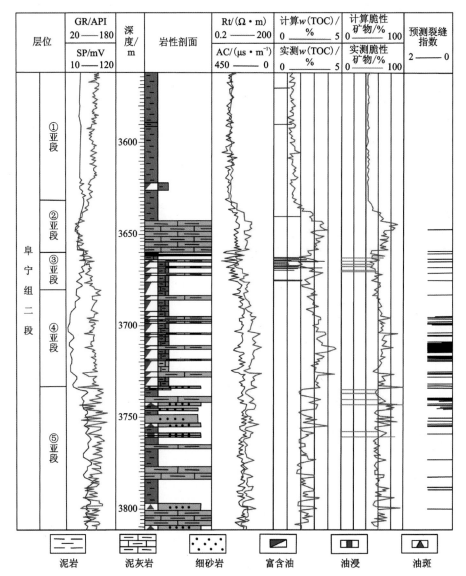

图 2-7　金湖凹陷北港次洼 BG1 井阜宁组二段综合柱状图（据昝灵,2020）

淡水,保存环境从还原→强还原→氧化环境。其中,干热、还原、咸水环境最有利于生烃。有机质类型以Ⅰ、Ⅱ₁型为主,深洼区 R_o 为 $0.8\%\sim1.1\%$,以生油为主(付茜等,2020)。

溱潼凹陷面积 $1100km^2$,阜二段发育咸水—半咸水半深湖—深湖相暗色泥页岩,累计厚度 $200\sim400m$,厚度中心位于沙垛地区。深凹带厚度大,向斜坡区减薄。纵向上可分为 5 个亚段。自下而上,⑤、④亚段主要为灰质泥岩、灰色泥岩夹少量泥质灰岩,③亚段为灰黑色泥岩与泥灰岩互层,②亚段为厚层块状含灰泥岩,①亚段主要为灰黑色泥岩(姚红生等,2021)。中部的②、③亚段最为有利(图 2-8、图 2-9)。

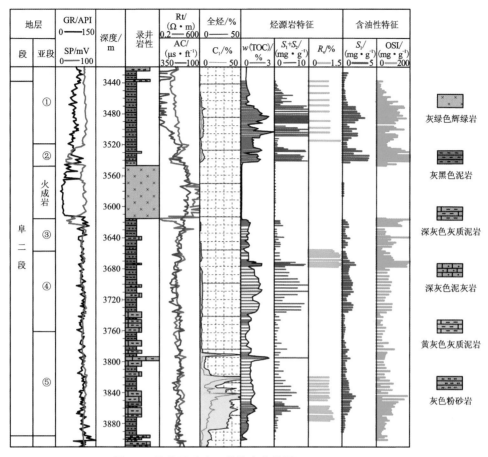

图 2-8　溱潼凹陷阜二段综合柱状图(据姚红生等,2021)

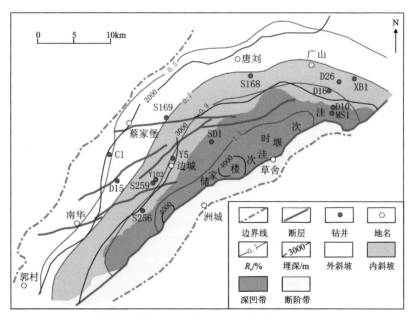

图 2-9　溱潼凹陷阜二段页岩油有利区分布图(据昝灵等,2021)

第三章 烃源岩特征

第一节 地化指标

根据我国油气行业标准《烃源岩地球化学评价方法》(SY/T 5735—2019)的规定,烃源岩评价指标主要包括有机质丰度、有机质类型、门限深度三大类。

一、有机质丰度

有机质丰度是指烃源岩中有机质的数量,代表了有机质的富集程度,常用有机碳含量(TOC)、氯仿沥青"A"、热解生烃潜量(S_1+S_2)、总烃含量 C_H、氢指数 I_H 等参数表示。氢指数适用于 $R_o < 0.7\%$ 的未成熟—低成熟烃源岩,总烃含量实验数据较少,因此,这里重点分析TOC、氯仿沥青"A"、S_1+S_2。

TOC 是指烃源岩中有机碳的质量分数,单位为%。岩石实测的 TOC 为有机质热演化生成油气之后剩余的有机碳。页岩油气研究中多用恢复之后的原始有机碳含量,反映页岩层系的有机质富集程度。根据上述行业标准,湖相泥岩和碳酸盐岩的有机碳含量标准为非烃源岩TOC<0.5%,一般烃源岩 TOC 为 0.5%~1.0%,好烃源岩 TOC 为 1%~2%,优质烃源岩TOC≥2%。

中国东部陆相断陷盆地烃源岩 TOC 分布范围为 0.01%~18.6%,平均值分布在 0.38%~4.9%之间。其中,济阳坳陷 TOC 整体最高,分布范围为 0.02%~18.6%,平均值分布在1.07%~4.9%之间;黄骅坳陷次之,分布范围为 0.05%~10%,平均值分布在 1.46%~3.79%之间。辽河坳陷 TOC 分布范围为 0.31%~11.12%,平均值分布范围为 0.38%~2.58%。南襄盆地 TOC 分布范围为 0.12%~5.4%,平均值分布范围为 1.03%~2.23%。江汉盆地 TOC 分布范围为 0.02%~4.88%,平均值分布范围为 0.44%~2.50%。苏北盆地TOC 分布范围为 0.01%~8.71%,平均值分布范围为 0.94%~2.33%(图 3-1)。

从有机质丰度看,济阳坳陷东营、沾化、车镇凹陷的沙四上—沙三下,辽河坳陷西部凹陷的沙四段—沙三段,黄骅坳陷沧东—南皮凹陷的孔二段、盐山凹陷的沙一段,冀中凹陷饶阳凹陷的沙一下,东濮凹陷沙三中—下,潍北凹陷孔二段,泌阳凹陷核三上,江汉盆地潜江凹陷北部潜江组一段、新沟嘴组,苏北盆地盐城凹陷阜二段,海安凹陷泰二段的 TOC 平均值均大于2.0%,总体属于优质烃源岩范围。

氯仿沥青"A"是指烃源岩中用氯仿抽提出来、可溶于氯仿中的沥青物质的质量分数,单

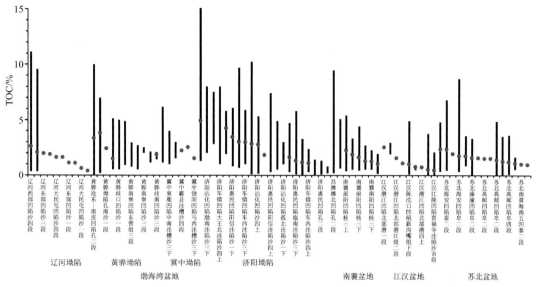

图 3-1　中国东部陆相断陷盆地烃源岩 TOC 对比图

位为％。氯仿沥青"A"的烃类成分更接近石油,因此,氯仿沥青"A"与有机碳含量比值的高低,代表了有机质向石油转化程度的高低。根据上述行业标准,湖相泥岩和碳酸盐岩的氯仿沥青"A"标准为非烃源岩氯仿沥青"A"<0.05％,一般烃源岩氯仿沥青"A"为 0.05％~0.1％,好烃源岩氯仿沥青"A"为 0.1％~0.2％,优质烃源岩氯仿沥青"A"≥0.2％。

中国东部陆相断陷盆地烃源岩氯仿沥青"A"分布范围为 0.001％~5.036 8％,平均值分布在 0.015 9％~0.92％之间。其中,济阳坳陷整体最高,分布范围为 0.003％~5.036 8％,平均值分布在 0.117％~0.92％之间;黄骅坳陷次之,分布范围为 0.002％~1.41％,平均值分布在 0.149％~1.48％之间。辽河坳陷平均值分布范围为 0.015 9％~0.216 8％。南襄盆地分布范围为 0.019％~1.041 9％,平均值分布范围为 0.171％~0.291 3％。江汉盆地平均值分布范围为 0.05％~0.487％。苏北盆地分布范围为 0.007％~3.726％,平均值分布范围为 0.036 1％~0.3％(图 3-2)。

从氯仿沥青"A"看,济阳坳陷东营、沾化凹陷的沙四下—沙四上—沙三上,车镇、惠民凹陷的沙四上—沙三下,辽河坳陷西部凹陷的沙四段,黄骅坳陷沧东—南皮凹陷的孔二段,孔南地区的沙一段,盐山凹陷的沙一下,冀中凹陷霸县凹陷的沙四段,饶阳凹陷的沙三下,东濮凹陷沙三中—下,泌阳凹陷核二段、核三上,南阳凹陷的核三上,江汉盆地潜江凹陷的潜江组,苏北盆地高邮、盐城凹陷的阜二段,氯仿沥青"A"平均值均大于 0.2％,总体属于优质烃源岩。

热解生烃潜量(S_1+S_2)是指烃源岩中有机质热解所产生油气总质量的比例,单位为 mg/g。生烃潜量能直接评价烃源岩的生油能力。S_1 是指在温度不超过 300℃ 条件下检测到的烃含量,为液态烃、游离烃含量,是表征页岩层系中可动油的重要参数。S_2 是指在温度为 300~600℃ 条件下检测到的烃含量,为裂解烃含量,是表征能够生烃但尚未生烃的有机质成分,对应着不溶有机质中的可产烃部分。根据行业标准,湖相泥岩和碳酸盐岩的热解生烃潜量标准为非烃源岩(S_1+S_2)<2mg/g,一般烃源岩(S_1+S_2)为 2~6mg/g,好烃源岩(S_1+S_2)为 6~

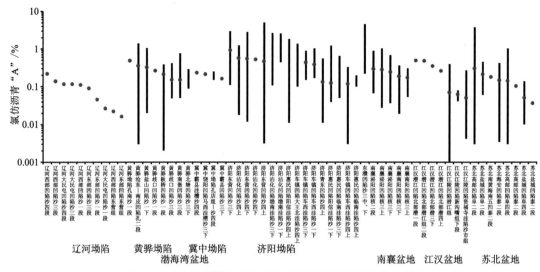

图 3-2　中国东部陆相断陷盆地烃源岩氯仿沥青"A"对比图

$20 \mathrm{mg/g}$，优质烃源岩$(S_1 + S_2) \geqslant 20 \mathrm{mg/g}$。

中国东部陆相断陷盆地烃源岩热解生烃潜量 $S_1 + S_2$ 分布范围为 $0.01 \sim 112.75 \mathrm{mg/g}$，平均值分布在 $0.36 \sim 34.91 \mathrm{mg/g}$ 之间。其中，济阳坳陷整体最高，分布范围为 $0.02 \sim 73.1 \mathrm{mg/g}$，平均值分布在 $0.36 \sim 34.91 \mathrm{mg/g}$ 之间；黄骅坳陷次之，分布范围为 $0.01 \sim 71 \mathrm{mg/g}$，平均值分布在 $4.72 \sim 29.55 \mathrm{mg/g}$ 之间。南襄盆地分布范围为 $0.3 \sim 33.18 \mathrm{mg/g}$，平均值分布范围为 $6.83 \sim 11.69 \mathrm{mg/g}$。江汉盆地分布范围为 $0.05 \sim 112.75 \mathrm{mg/g}$，平均值分布范围为 $0.37 \sim 26.74 \mathrm{mg/g}$。苏北盆地分布范围为 $0.01 \sim 74.33 \mathrm{mg/g}$，平均值分布范围为 $0.576 \sim 13.52 \mathrm{mg/g}$（图 3-3）。

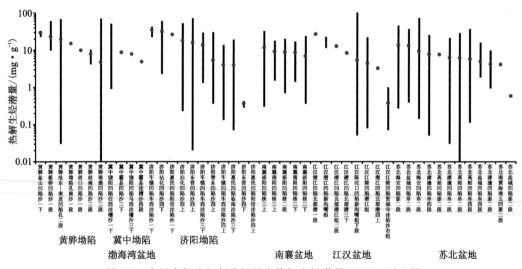

图 3-3　中国东部陆相断陷烃源岩热解生烃潜量 $S_1 + S_2$ 对比图

从热解生烃潜量 $S_1 + S_2$ 看，济阳坳陷车镇凹陷、惠民凹陷沙一下，沾化凹陷沙四下，黄骅坳陷盐山凹陷、板桥凹陷沙一段，江汉盆地潜江凹陷潜江组一段，$S_1 + S_2$ 平均值均大于 $20 \mathrm{mg/g}$，总体属于优质烃源岩。

二、有机质类型

从有机质类型看,中国东部陆相断陷盆地烃源岩Ⅰ、Ⅱ、Ⅲ型都有发育,不同盆地、不同层系的有机质类型差异明显。笔者共统计 80 个烃源岩层/区单元。其中,以Ⅰ型干酪根为主的有 55 个,占 68.8%;以Ⅱ$_1$型为主的有 43 个,占 53.8%;以Ⅱ$_2$型为主的有 35 个,占 43.8%;以Ⅲ型为主的有 17 个,占 21.3%(图 3-4)。

辽河坳陷古近系烃源岩以Ⅱ$_2$型为主,其次是Ⅱ$_1$型,Ⅰ、Ⅲ型最少。

黄骅坳陷古近系烃源岩以Ⅱ$_1$、Ⅱ$_2$型为主,其次为Ⅲ、Ⅰ型。

冀中坳陷古近系烃源岩以Ⅱ$_2$型为主,其次是Ⅱ$_1$、Ⅲ型,Ⅰ型较少。

济阳坳陷古近系烃源岩以Ⅰ、Ⅱ$_1$型为主,其次是Ⅱ$_2$型,Ⅲ型较少;沙河街组以Ⅰ、Ⅱ$_1$型为主,孔店组以Ⅱ$_2$、Ⅲ型为主。

东濮凹陷沙四、沙三段烃源岩以Ⅱ$_1$、Ⅱ$_2$型为主。

南襄盆地古近系烃源岩以Ⅱ$_1$、Ⅰ型为主,Ⅱ$_2$型较少。

江汉盆地古近系烃源岩以Ⅱ$_1$、Ⅰ型为主,Ⅱ$_2$、Ⅲ型较少。

苏北凹陷中生界、古近系烃源岩基本为Ⅱ$_1$、Ⅰ型。

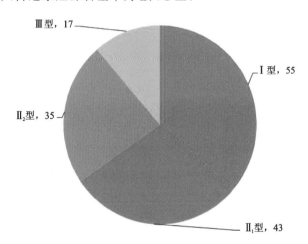

图 3-4 中国东部陆相断陷盆地烃源岩有机质类型分布图

三、门限深度

烃源岩门限深度是指烃源岩埋藏达到生成油气界限温度时的深度值,一般认为,$R_o = 0.5\%$对应的深度为生油门限深度,$R_o = 1.3\%$对应的深度为生气门限深度。

中国东部陆相断陷盆地烃源岩生油门限深度主要分布在 1790~3300m 之间。其中,南襄盆地生油门限最浅,分布在 1800~1950m 之间;冀中坳陷生油门限最深为 2800~3300m。辽河坳陷生油门限为 2500~3200m,黄骅坳陷生油门限为 1790~2900m,济阳坳陷生油门限为 2200~2800m,江汉盆地生油门限为 2200~2500m,苏北盆地生油门限为 1900~2600m(图 3-5)。

中国东部陆相断陷盆地烃源岩生气门限深度主要分布在 3500~5000m 之间。其中,南襄

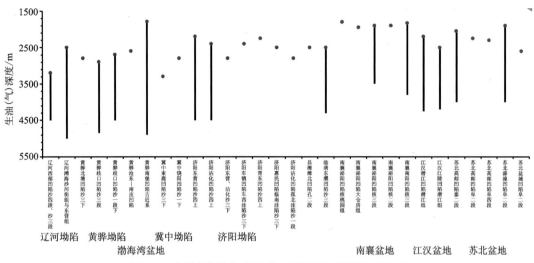

图 3-5　中国东部陆相断陷盆地烃源岩门限深度对比图

盆地生气门限最浅,分布在 3500～3800m 之间;渤海湾盆地生气门限最深,为 4300～5000m;江汉盆地生气门限为 4200～4250m,苏北盆地生气门限为 4000m。

第二节　渤海湾盆地页岩层系地化指标

渤海湾盆地古近系发育多套以亚热带半干旱—湿润陆相咸化—淡水断陷湖盆暗色泥岩为主的烃源岩层系,主要包括孔二段、沙四下、沙四上、沙三下、沙三中、沙一段。其中,沙四上—沙三下是古近系油气生成量最大的烃源岩层系;沙一段烃源岩在许多地区埋藏较浅,成熟度低,以生油为主,天然气次之;孔店组烃源岩分布局限。

一、辽河坳陷

辽河坳陷古近系主要发育沙四段、沙三段、沙一段、东营组 4 套烃源岩。其中,沙四段、沙三段有机质丰度高,生烃演化序列完整,为主力烃源岩,沙四段有机质丰度优于沙三段(图 3-6)(葛明娜等,2012;李建华等,2012;姜文利,2012;单衍胜等,2016;王延山等,2018;陈明铭,2019;胡英杰等,2019;李明等,2020)。

沙四段烃源岩:以有机质泥页岩为主,主要分布在西部凹陷、大民屯凹陷,东部凹陷缺失。西部凹陷分布面积 1000km²,北厚南薄、东厚西薄,主体厚度 350～500m,TOC 为 0.31%～11.12%,平均 2.58%;氯仿沥青"A"平均 0.216 7%。近期研究表明,西部凹陷雷家地区向南及曙光—曙北地区沙四下亚段烃源岩 TOC 平均值在 5% 左右,高于沙四上亚段(刘海涛等,2019)。

大民屯凹陷主要分布在静安堡构造带两侧洼槽区,以暗色泥岩为主夹油页岩,面积 260km²,南厚北薄,主体厚度 400～500m,TOC 平均 1.59%,氯仿沥青"A"平均 0.115 4%。从烃源岩有机质丰度看,西部凹陷优于大民屯凹陷,大民屯凹陷沙四段下部优于上部。西部凹陷陈家洼陷生烃门限约为 3200m。

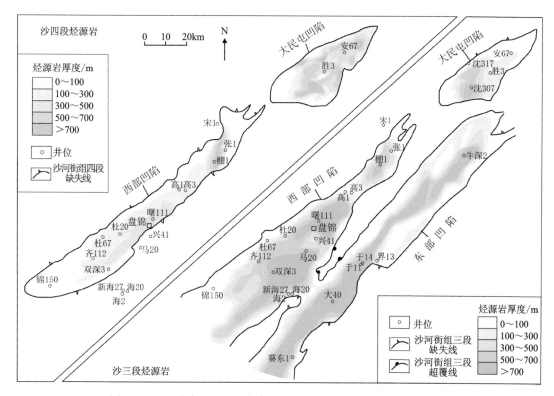

图 3-6　辽河坳陷沙河街组主力烃源岩厚度分布图(据胡英杰等,2019)

大民屯凹陷沙四上亚段下部烃源岩:主要分布在安福屯、胜东洼陷,为油页岩和钙质泥岩,含砂率极低,一般 2%~5%;面积 335km²,平均厚度 150m 左右,安福屯、胜东洼陷最厚达300m;中间潜山古隆起部位较薄,一般 50~150m。有机质类型包括 I~II_1,TOC 为 5%~9%,胜东洼陷最高 11%,安福屯洼陷高达 13%;R_o>0.7%,已大范围进入生油门限。主要生成高蜡油,含蜡量高于 20%。

大民屯凹陷沙四上亚段上部烃源岩:暗色泥岩,分布范围广泛,平均厚度 300m 左右,荣胜堡洼陷达 600m,安福屯洼陷达 400m,高部位一般 50~200m。泥岩较纯,局部含砂,含砂量低于 30%。有机质类型以 II 型和 III 型为主。TOC 平均 1.77%,多数在 1.0%~2.0% 之间;荣胜堡、安福屯洼陷 TOC 比较高,一般为 2.0%~2.5%,最高达 3.47%。凹陷内 R_o>0.5%,已大范围进入生油门限,荣胜堡深洼区 R_o 可达到 1.3% 以上。

沙三段烃源岩:在辽河坳陷内分布最广,覆盖西部、东部、大民屯三大凹陷。西部凹陷南厚北薄,南部清水洼陷烃源岩厚达 1200m。东部凹陷主要分布在南、北两端的洼陷区,推测厚达 1800m。大民屯凹陷烃源岩最厚位于荣胜堡洼陷,超过 1000m。西部凹陷沙三段烃源岩TOC 为 0.33%~9.57%,平均 2.03%;氯仿沥青"A"平均 0.137 5%。东部凹陷沙三段烃源岩TOC 平均 1.94%,氯仿沥青"A"平均 0.089 4%。大民屯凹陷沙三段烃源岩 TOC 平均1.59%,氯仿沥青"A"平均 0.115 4%。沙三段 R_o 为 0.24%~0.96%,处于未熟—成熟演化阶段。从烃源岩有机质丰度看,西部凹陷优于东部凹陷,东部凹陷又优于大民屯凹陷。西部凹陷南部深洼区、东部凹陷南端和北端深洼区沙三段烃源岩能够为致密气和页岩气提供充足的气源。

辽河坳陷西部凹陷沙四段、沙三段泥页岩 R_o 为 $0.4\%\sim2.0\%$（图 3-7）。当埋深小于 4000m，$R_o<1.0\%$，以生油为主，且与深度呈线性递增关系；当埋深大于 4000m，R_o 快速增加并迅速超过 1.0%，油气共生；当埋深大于 4500m，$R_o>1.3\%$，以高成熟生气为主。

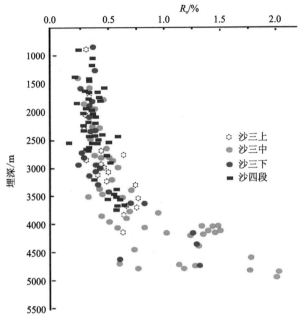

图 3-7　辽河坳陷西部凹陷页岩 R_o 与埋深的关系（据毛俊莉，2020）

大民屯凹陷沙三段、沙四段烃源岩：前三角洲、半深湖相泥岩，砂岩含量 $20\%\sim40\%$。在荣胜堡洼陷中心及大民屯地区，暗色泥岩累计最厚达 600m 以上，洼陷周围高部位厚度一般小于 200m。有机质类型为 II_2、III 型，TOC 平均 1.45%，最大为 5.91%。安福屯、三台子洼陷有效烃源岩大多 $R_o>0.5\%$，荣胜堡洼陷大部分达到 0.7% 以上，局部达 1.0% 以上。

辽河坳陷常规天然气以成熟—高成熟煤型气为主，西部凹陷、大民屯凹陷油型气和煤型气并存，气源主要来自沙三段、沙四段烃源岩；东部凹陷气源主要为沙三段烃源岩。

1. 沙一段烃源岩

沙一段烃源岩分布在辽河坳陷的三大凹陷中。西部凹陷沙一段烃源岩 TOC 平均 1.85%，氯仿沥青"A"平均 0.1103%；东部凹陷沙一段烃源岩 TOC 平均 1.09%，氯仿沥青"A"平均 0.0452%；大民屯凹陷沙一段烃源岩 TOC 平均 0.60%，氯仿沥青"A"平均 0.0262%。辽河坳陷沙一、二段 R_o 为 $0.15\%\sim1.63\%$，主体处于成熟演化阶段，部分进入高成熟阶段。

在东部凹陷中南段，沙一段烃源岩 TOC 为 $0.07\%\sim6.83\%$，平均 1.46%；氯仿沥青"A"为 $0.0020\%\sim0.6751\%$，平均 0.0813%；(S_1+S_2) 为 $0.07\sim19.04mg/g$，平均 $3.05mg/g$；有机质类型主要为 II_2、II_1 型；属于较好烃源岩；R_o 为 $0.52\%\sim0.63\%$，平均 0.58%，处于低熟阶段。

在辽河坳陷滩海地区，沙一、二段烃源岩 TOC 为 $0.4\%\sim2.8\%$，平均 1.54%；氯仿沥青"A"为 $0.01\%\sim0.64\%$，平均 0.127%；(S_1+S_2) 为 $0.02\sim19.28mg/g$，平均 $4.3mg/g$；有机质

类型主要为 II_2、III 型,为有效烃源岩;R_o 为 $0.2\%\sim1.0\%$,平均 0.58%,处于未熟—低熟阶段。

辽河坳陷滩海地区沙河街组与东营组烃源岩,大致在 2500m 深度进入生烃门限,3400m 深度进入低成熟阶段,4300m 深度进入生油高峰,5000m 深度达到高成熟生湿气阶段,预计 6100m 深度达到过成熟生干气阶段(图 3-8)。

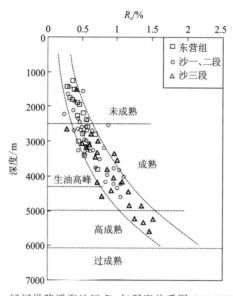

图 3-8 辽河坳陷滩海地区 R_o 与深度关系图(据李明等,2020)

2. 东营组烃源岩

东营组烃源岩主要分布在西部、东部凹陷。西部凹陷东营组暗色泥岩 TOC 平均 1.07%,氯仿沥青"A"平均 0.0219%;东部凹陷东营组暗色泥岩 TOC 平均 0.38%,氯仿沥青"A"平均 0.0159%。东部凹陷中南段,东营组烃源岩 TOC 为 $0.06\%\sim1.1\%$,平均 0.25%;氯仿沥青"A"为 $0.0027\%\sim0.0532\%$,平均 0.0137%;(S_1+S_2) 为 $0.12\sim3.46\text{mg/g}$,平均 1.34mg/g;有机质类型主要为 II_2、I 型,属于差—中等烃源岩。东营组 R_o 为 $0.23\%\sim1.49\%$,主体处在成熟演化阶段。

在辽河坳陷滩海地区,东营组烃源岩 TOC 为 $0.4\%\sim3.73\%$,平均 1.10%;氯仿沥青"A"为 $0.01\%\sim0.24\%$,平均 0.073%;(S_1+S_2) 为 $0.2\sim12.28\text{mg/g}$,平均 1.6mg/g;有机质类型主要为 II_2、III 型;为非有效烃源岩。东营组 R_o 为 $0.2\%\sim0.6\%$,处于未熟—低熟阶段。

从辽河坳陷常规天然气的气源来看,西部凹陷兴隆台构造带的深层天然气来源于清水洼陷沙三段或沙四段烃源岩,对应 R_o 为 $0.86\%\sim1.64\%$,对应烃源岩埋深为 $4000\sim5000\text{m}$。双台子和欢喜岭地区的天然气属于湿气,主要来源为沙三段和沙四段烃源岩,对应 R_o 为 $0.57\%\sim0.83\%$,对应源岩埋深在 $3000\sim4000\text{m}$ 之间。东部凹陷天然气属于沙三段烃源岩低成熟至部分成熟阶段的产物,对应 R_o 为 $0.54\%\sim0.96\%$,对应源岩埋深在 $3000\sim5000\text{m}$ 之间。大民屯凹陷天然气来源于沙三段和沙四段烃源岩,对应 R_o 为 $0.57\%\sim0.75\%$,对应源岩埋深为 $3000\sim4000\text{m}$。

二、黄骅坳陷

黄骅坳陷古近系纵向上主要发育孔二段、沙三段、沙一段、东营组等烃源岩层系(邓荣敬等,2005;国建英,2009;王振升等,2009;于学敏等,2011;廖然,2012;董清源等,2015;何建华等,2016;葛昭蓉,2017;白桦,2017;尹向烟,2018;肖敦清等,2018;姜文亚等,2019;李亚茜,2019)。

1. 孔二段烃源岩

孔二段在沧东凹陷、南皮凹陷分布广泛,地层厚度126~465m,形成于亚热带潮湿气候、稳定的封闭、半封闭淡水—半咸水湖盆沉积环境。孔二段烃源岩以厚层深灰色、灰黑色泥岩,灰褐色油页岩夹薄层白云岩、泥质白云岩、致密薄层粉砂岩为特征,累计厚度99~254.5m,占地层厚度的23.6%~88.8%。其中,页岩累计厚度2~230m,是页岩油赋存的有利层段。富有机质泥页岩主要分布在深凹区及斜坡区的半深湖—深湖相中,岩性包括黑色页岩、深灰色泥岩、灰褐色油页岩、粉砂岩及泥灰岩等(姜文亚等,2019;赵贤正等,2021)。

孔二段烃源岩有机质丰度高。沧东凹陷、南皮凹陷孔二段烃源岩1075块样品TOC为0.05%~10.00%,平均3.32%,整体较高;93块样品氯仿沥青"A"为0.003%~1.41%,平均0.35%;135块样品(S_1+S_2)为0.03~69.91mg/g,平均19.46mg/g;属于好—很好烃源岩。油页岩有机质丰度比暗色泥岩更高。油页岩28块样品TOC为2.32%~8.41%,平均4.87%;14块样品氯仿沥青"A"为0.05%~2.79%,平均0.63%;27块样品(S_1+S_2)为1.23~77.55mg/g,平均36.59mg/g;属于很好烃源岩。有机质类型以II_1、I型为主(图3-9)。由257块样品分析可知,孔二段烃源岩R_o为0.30%~1.3%,整体处于未熟—成熟阶段。由于富含蓝藻类水生生物,加上多期火山活动的热催化作用,孔二段烃源岩具有早生早排的特点。沧东凹陷孔二段烃源岩生成的油气高效聚集在孔店组和沙河街组储层中。

2. 沙三段烃源岩

黄骅坳陷沙河街组烃源岩埋藏浅,演化程度低,仅在部分地区形成自生自储低熟油藏。沙三段沉积时期,湖盆断陷活动最为强烈,使沙三段成为重要的烃源岩之一。

南堡凹陷中沙三段是主力烃源岩层系,贡献了全凹陷54%的生烃量,主要发育半深湖—深湖相的富有机质暗色泥页岩,包括暗色(黑色、深灰色、灰色、褐色)泥岩和页岩。烃源岩分布广,延伸至滩海地区,厚度逐渐减薄。凹陷中北部的洼陷带厚300~600m,最高可达790m,岩性主要为灰色、深灰色泥岩以及油页岩。凹陷中东部地区暗色泥岩较为发育,厚度最大可达500m。整体上,有效烃源岩沉积中心位于高尚堡、北堡、老爷庙构造(图3-10)。

南堡凹陷沙三段烃源岩有机质类型以III、II_2型为主,部分为I型(图3-11),处于成熟—高成熟阶段,基本属于生油岩,部分属于气源岩。TOC为2.0%~2.5%,以歧口凹陷居优,板桥、南堡及北塘凹陷依序次之,为0.5%~2.5%,属较好—好烃源岩,分布较稳定;氯仿沥青"A"平均0.14%,生烃潜量平均13.32mg/g。

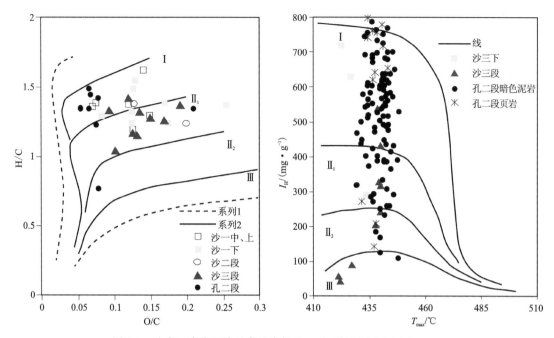

图 3-9　沧东—南皮凹陷元素组成与 T_{max}-I_H 关系图（据国建英，2009）

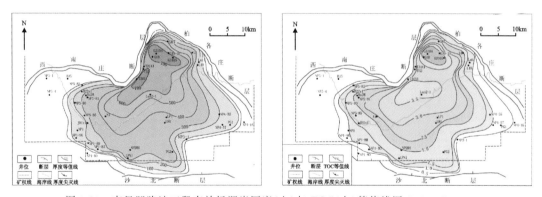

图 3-10　南堡凹陷沙三段有效烃源岩厚度（左）与 TOC（右）等值线图（据李亚茜，2019）

南堡凹陷沙三段烃源岩统计样品地化数据 3000 余组，TOC 含量由高到低依次为页岩、黑色泥岩、深灰色泥岩、灰色泥岩、褐色泥岩。其中，页岩 TOC 为 9.75%、（S_1+S_2）为 24.84mg/g、氯仿沥青"A"为 0.079%～0.754%、平均 0.345%。黑色泥岩 TOC 为 2.43%，（S_1+S_2）为 5.65mg/g。深灰色泥岩 TOC 为 1.39%、（S_1+S_2）为 4.52mg/g，氯仿沥青"A"含量平均 0.149%。灰色泥岩 TOC 为 0.82%、（S_1+S_2）为 2.83mg/g、氯仿沥青"A"含量平均 0.144%。褐色泥岩有机质含量较低，TOC 为 0.71%、氯仿沥青"A"含量为 0.139%，（S_1+S_2）相对较高为 3.79mg/g。除此之外，杂色、棕色、紫红色以及绿色泥岩的有机质丰度较低，生烃潜量较低，属于较差的烃源岩。其中，绿色泥岩 TOC 为 0.29%、（S_1+S_2）为 0.33mg/g，属于非烃源岩。

总体上，页岩，黑色（含灰黑色、褐黑色）、深灰色（含黑灰色、褐灰色）泥岩属于好烃源岩，灰色（含浅灰色、绿灰色）、褐色（含灰褐色、棕褐色）泥岩次之，是中等烃源岩（表 3-1）。

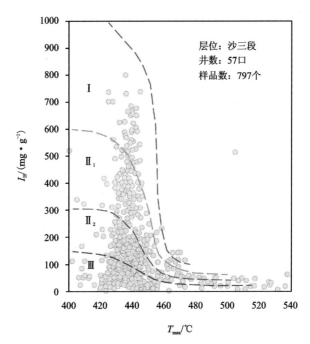

图 3-11　南堡凹陷沙三段烃源岩 I_H 与 T_{max} 关系图（据李亚茜,2019）

表 3-1　南堡凹陷沙三段烃源岩有机质丰度统计表（据李亚茜,2019）

地化参数	TOC		氯仿沥青"A"		C_H		S_1+S_2	
	分布特征/%	样品数/个	分布特征/%	样品数/个	分布特征/$\times10^{-6}$	样品数/个	分布特征/(mg·g^{-1})	样品数/个
范围	0.04~14.32	1026	0.011~0.754	338	110~5326	136	0.01~71	898
平均	1.37		0.149		741		4.72	
源岩评价	好烃源岩		好烃源岩		好烃源岩		中等烃源岩	

　　综合分析,南堡凹陷沙三段烃源岩氯仿沥青"A"含量 0.011%~0.754%,最高 0.754%,平均 0.149%,明显高于其他源岩层系,属于好烃源岩;生烃潜量(S_1+S_2)范围 0.01~71.00mg/g,平均 4.72mg/g,属于中等烃源岩。

　　南堡凹陷沙三段生烃潜量(S_1+S_2)与 TOC 之间呈明显的双对数线性关系(图 3-12)。

　　南堡凹陷沙三段烃源岩 R_o 为 0.5%~2.0%,平均 0.79%,整体进入成熟阶段。林雀次凹北侧以及曹妃甸次凹埋藏较深,热演化程度高,R_o 为 1.4%~1.7%,进入高成熟阶段。高柳地区埋深较浅,成熟度较低,R_o 为 0.5%~1.1%。

　　北塘凹陷沙三下半深湖—深湖相深灰色泥岩夹薄层泥质白云岩、泥灰岩为本凹陷主力烃源岩,主要分布在塘沽西—新村东—新港及汉沽洼陷两个沉积中心,烃源岩平均厚度 400m 左右,最厚可达 800m。TOC 平均 1.16%~1.23%,最大 2.16%;氯仿沥青"A"平均 0.089%~0.164 5%,最大 0.292 5%;属于好烃源岩。有机质类型以 II_1、I 型为主,对应 R_o 为 0.3%~

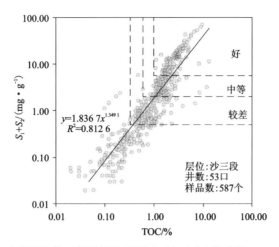

图 3-12　南堡凹陷沙三段烃源岩 TOC 与(S_1+S_2)关系图(据李亚茜,2019)

1.1%。埋深 2800m 时,R_o 为 0.45%,为低熟油的生油高峰,主要发生在东营组末期;埋深 3600m 时,R_o 为 0.8%,为成熟油的生油高峰,主要发生在明化镇组沉积时期。

歧口凹陷沙三段有效烃源岩最大厚度 1500m,有机质类型丰富,以 II_2 型为主,II_1 型次之。有机质含量较高,92 块样品 TOC 为 0.54%~5.15%,平均 1.46%;15 块样品氯仿沥青"A"为 0.048 9%~0.413 3%,平均 0.149 9%。在凹陷主体区,演化程度高,R_o 普遍大于 1.3%,处于大量生气阶段。歧北次凹 TOC 一般为 1.0%~2.0%,板桥次凹 TOC 一般为 0.6%~1.25%。板桥次凹—歧口主凹生气强度最高,可超过 $50 \times 10^8 \mathrm{m}^3/\mathrm{km}^2$(图 3-13)。

歧口凹陷沙二段地层分布范围小,厚度薄,在歧北地区有机质丰度高,是重要的气源层。

歧口与板桥凹陷沙三段暗色泥页岩热演化程度较高,R_o 为 0.5%~2.5%,凹陷主体部位 $R_o > 1.2\%$,普遍进入高成熟阶段。歧口凹陷沙三段烃源岩生油门限 2900m,生气门限深度 4850m。北塘及南堡凹陷沙三段暗色泥页岩热演化程度较低,R_o 为 0.5%~0.8%,处在低熟—成熟阶段。沙三下泥页岩 R_o 普遍在 0.9% 以上,已进入大量生气阶段。

歧口凹陷沙三段泥页岩厚度也可达到 1800m,大部分地区厚度大于 400m,歧北地区油页岩 R_o 范围为 0.55%~0.9%,已经进入成熟演化阶段。

歧南凹陷沙三段烃源岩是温暖潮湿气候条件下半咸水深湖环境沉积的暗色泥岩,藻类发育。由歧南 3 井沙三段 13 块样品分析可知,TOC 为 1.41%~2.08%,平均 1.84%;(S_1+S_2)为 4.18%~10.44%,平均 7.83%;有机质类型以 II 型为主。埋深 3500~3700m,R_o 为 0.7%~0.9%,属于成熟阶段,处于生油高峰(图 3-14)。

3. 沙一段烃源岩

黄骅坳陷沙一段烃源岩在南堡、歧口、板桥、盐山等凹陷研究较多。

南堡凹陷沙一段烃源岩,贡献了全凹陷 39% 的生烃量。以南堡 1-5 号井为例,沙一段钻遇暗色泥岩最大厚度 525.5m,主要岩性为深灰色泥岩,埋深 3271~5135m,TOC 范围 0.52%~2.69%,有机质类型 II_1、I 型,R_o 范围 0.64%~1.13%,属于中等—好烃源岩,已进入成熟—高熟阶段。

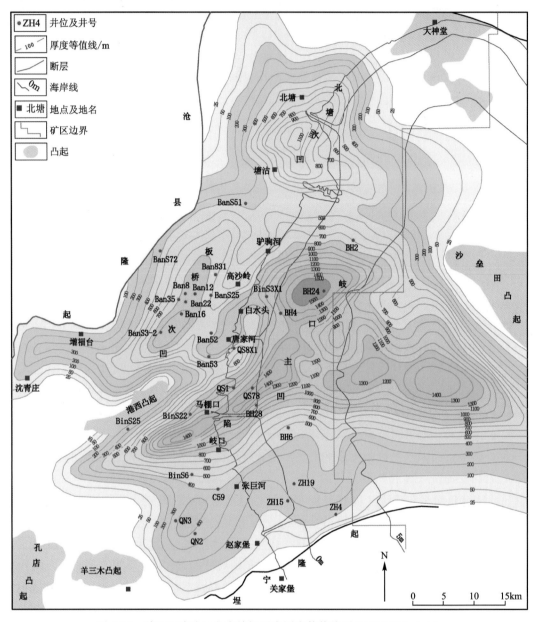

图 3-13　歧口凹陷沙三段有效烃源岩厚度等值线图(据肖敦清等,2018)

　　歧口凹陷沙一段时期是最大湖侵期,凹陷主体有效烃源岩厚度 500～1000m,最厚达 1800m,整体"南厚北薄、西厚东薄"(图 3-15)。沙一段下部以 II₂、III 型为主,从南向北由偏腐泥型变为混合型和偏腐殖型。沙一段中部以 II₂、III 型为主。歧口凹陷沙一段 TOC 为 0.5 %～5.0%,歧南 3 井沙一段中、下亚段 13 块样品 TOC 为 1.34%～3.24%,平均 2.25%; 氯仿沥青"A"含量平均 0.26%;生烃潜量(S_1+S_2)平均 9.86mg/g。歧口凹陷沙一段中、下亚段生油门限深度 3000m、生气门限深度 4500m。歧南 3 井沙一段中、下亚段烃源岩埋深 3100～ 3250m,R_o 为 0.6%～0.7%,已进入成熟阶段,但热演化程度不高,仅在凹陷中心区进入大量生油气阶段。

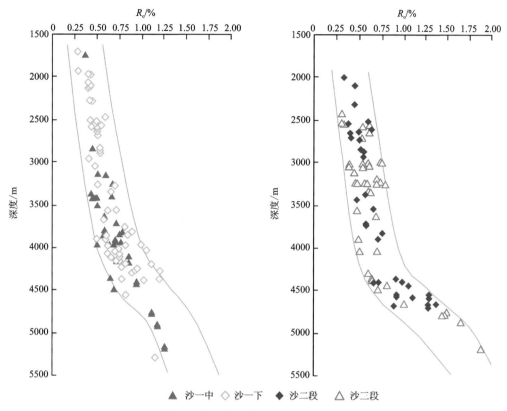

图 3-14　歧口凹陷 R_o 与深度关系曲线（据于学敏等，2011）

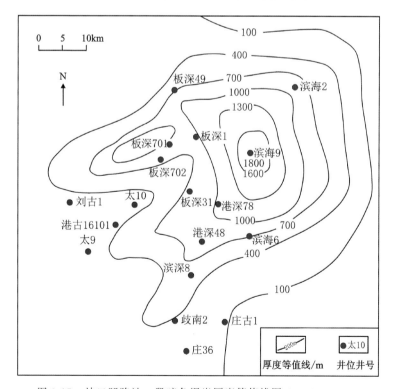

图 3-15　歧口凹陷沙一段暗色泥岩厚度等值线图（据尹向烟，2018）

歧口凹陷西南侧邻近北大港凸起地区沙一段油页岩埋深在 2000～4200m 之间,分布面积很大,厚度 20～40m,平均 25m,R_o 为 0.43%～0.80%。

板桥凹陷沙一段烃源岩分布面积 520km²,厚度 100～700m,TOC 为 0.91%～4.89%,氯仿沥青"A"为 0.002%～0.39%,平均 0.21%;(S_1+S_2) 为 9.92～61.32mg/g,平均 22.96mg/g。R_o 为 0.4%～1.25%,处于未熟—成熟阶段,以生油为主。

板桥凹陷沙一段烃源岩以 II₂、II₁ 型为主;北塘凹陷沙一段属 II₂、III 型;南堡凹陷沙一段以 II₁ 型为主。

黄骅坳陷孔南地区沙一段烃源岩只分布在沧东—南皮、盐山凹陷,以湖相油页岩、钙质泥岩、泥质碎屑灰岩为主,地层厚度可达 200m,有机质丰度高,TOC 平均 2.39%,氯仿沥青"A"平均 0.48%,(S_1+S_2) 为 15.05mg/g,属于优质烃源岩。沧东—南皮地区沙一段烃源岩有机质类型主要是 II₁ 型,兼有 II₂ 型。盐山凹陷沙一段烃源岩有机质类型主要是 I 型,其次为 II₁型。盐山凹陷沙一段烃源岩埋深 1800～2200m,R_o<0.7%,但有机质转换程度较高,氯仿沥青"A"/TOC 一般为 6%～10%,埋深 1900m 时,氯仿沥青"A"/TOC>12%,最高可达 21%。沧东—南皮地区沙一段烃源岩氯仿沥青"A"/TOC 一般为 4%～15%,最高可达 38%。

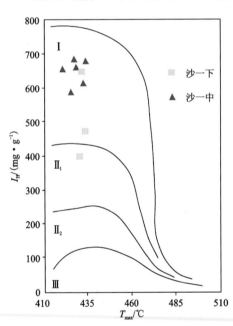

盐山凹陷沙一下亚段烃源岩以油页岩、生物灰岩、灰色泥岩为主,厚达 66m;27 块样品 TOC 为 0.20%～6.97%,平均 3.79%;21 块样品氯仿沥青"A"为 0.02%～1.06%,平均 0.32%;10 块样品 (S_1+S_2) 为 22.67～33.97mg/g,平均 29.55%;属于很好烃源岩。沙一中亚段烃源岩以半深湖—浅湖相灰色、褐灰色及深灰色泥岩为主,最厚达 128.5m;22 块样品 TOC 为 0.23%～4.48%,平均 2.43%;12 块样品氯仿沥青"A"为 0.06%～0.26%,平均0.15%;3 块样品 (S_1+S_2) 为 5.45～29.26mg/g,平均 14.77%;属于好烃源岩。沙一上亚段烃源岩以灰色、深灰色泥岩为主,最厚达 77.5m,11 块样品 TOC 为 1.12%～2.54%,平均 2.12%;6 块样品氯仿沥青"A"为 0.07%～0.23%,平均 0.14%;属于好烃源岩。盐山凹陷沙一段烃源岩有机质类型均为 I、II₁ 型(图 3-16)。

图 3-16 盐山凹陷暗色泥岩 T_{max}-I_H 关系图(据国建英,2009)

盐山凹陷沙一段较厚暗色泥岩埋深不超过 2300m,R_o 最大仅 0.45%,有机质未成熟,但已具备生成未熟—低熟油的能力。

4. 东营组三段烃源岩

南堡凹陷东营组三段烃源岩贡献了全凹陷 9% 的生烃量。以南堡 1-5 号井为例,东营组三段钻遇暗色泥岩最大厚度 511m,主要岩性为深灰色泥岩,埋深 3000～4176m,TOC 范围为

$0.75\% \sim 2.93\%$，有机质类型为 II_2、III 型，R_o 范围为 $0.49\% \sim 0.68\%$，属于中等—好烃源岩，处于未成熟—低成熟阶段。

综合南堡凹陷东营组、沙一段、沙三段实测数据，得到 R_o 与埋深关系图（图 3-17）。从图中可以看到，高柳地区烃源岩在 1790m 左右深度进入生烃门限（$R_o=0.5\%$），大于 4900m 深度进入高成熟阶段（$R_o > 1.25\%$）。北堡地区热演化速率大，在 2850m 深度进入生烃门限，在 4760m 深度已进入高成熟阶段。滩海地区在 $2650 \sim 4830$m 深度之间属于成熟阶段。南堡凹陷沙河街组烃源岩自东营组沉积末期（24Ma）、东营组烃源岩自明化镇组沉积末期（2Ma）进入生排烃过程。

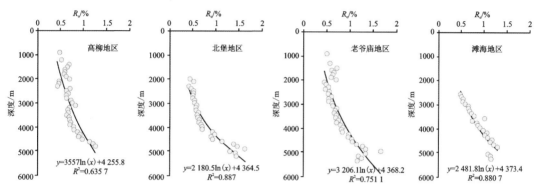

图 3-17　南堡凹陷东营组、沙河街组烃源岩 R_o 与埋深关系图（据李亚茜，2019）

歧口凹陷东营组油页岩分布面积 637.9km^2，油页岩厚度 $15 \sim 35$m，东营组埋藏较浅，一般在 $1800 \sim 3600$m 之间，集中分布在 $2800 \sim 3600$m 之间，R_o 一般 $0.4\% \sim 0.65\%$，歧口海域埋深较大，R_o 为 $0.6\% \sim 0.9\%$；生油门限深度 3250m，生气门限深度 3600m。

综合判断沧东凹陷、南皮凹陷烃源岩有机质成熟门限深度在 2600m 左右（图 3-18），埋深 $2600 \sim 3600$m 为低成熟阶段，埋深 3600m 以下进入成熟阶段。埋深小于 2600m，R_o 基本上小于 0.5%；埋深大于 2600m，基本上位于沙三段下部或底部，R_o 大部分大于 0.5%，进入成熟门限。埋深在 3600m，即孔二段中下部，开始进入生油高峰期，R_o 接近 0.8%。

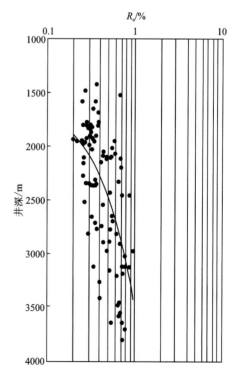

图 3-18　沧东—南皮凹陷 R_o 随井深变化图（据国建英，2009）

三、冀中坳陷

冀中坳陷在古近系生油洼槽内发育了孔店组—沙四段、沙三段、沙一段烃源岩，其中，沙三段、沙一段下亚段为主力烃源岩层系（殷杰，2018；钟雪梅等,2018;马学峰等,2019;王永臻,2020;张锐锋等,2021)。

目前探明的油气储量主要来源于古近系烃源岩,仅少部分为石炭系—二叠系与古近系混源。已发现的天然气藏主要分布在坳陷北部,可分为油型气、煤成气两类。油型气主要分布在坳陷北部的柳泉、河西务、苏桥—文安等地区的古近系浅层油气藏,气源主要来自古近系中浅层湖沼相II_2、II_1型源岩。

孔店组—沙四段烃源岩主要为中南亚热带气候条件下的深湖—半深湖相暗色泥岩(图3-19),TOC多大于1.0%,有机质类型总体偏差,以II_2、II_1型为主,为中等烃源岩。但在湖盆中心以及最大湖泛面的上下层段,TOC为1.5%~3.0%,氯仿沥青"A"含量0.15%~0.25%,有机质丰度较高。沙四段在霸县与武清洼槽区最大埋深大于6000m,到过成熟阶段,以生气为主。廊固凹陷孔店组烃源岩主要分布在柳泉—王居—万庄以东地区,最大厚度400m,TOC平均0.87%,有机质类型为II_2型,目前处于中等成熟—高成熟阶段,属于中等烃源岩。廊固凹陷沙四中、下亚段烃源岩主要分布在柳泉—王居—琥珀营以南地区,有机质类型为II_2型,目前处于中等成熟—高成熟阶段,TOC平均0.47%,氯仿沥青"A"为0.157%,有机质类型主要为III型,R_o为0.38%~1.79%,处于中等成熟—成熟阶段,属于较差烃源岩。廊固凹陷沙四上优质烃源岩主要分布在琥珀营—柳泉一带和永清附近,TOC平均0.91%,有机质类型主要为II_2、III型,R_o处于成熟—高成熟阶段。霸县凹陷北部霸县洼槽的沙四段优质烃源岩厚度30~90m,TOC平均2.2%,氯仿沥青"A"平均0.23%,(S_1+S_2)平均4.87mg/g,有机质类型以II_2型为主。

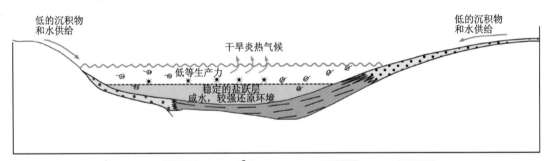

图3-19 廊固凹陷沙四段烃源岩沉积发育模式(据刁帆等,2014)

1. 沙三段烃源岩

冀中坳陷沙三段烃源岩厚度大、分布广,TOC>2.0%,最高5.7%,是区域主力烃源层。坳陷北部沙三段洼槽中心埋深4000~6000m,R_o在1.0%以上,基本上处于大量生气阶段。

霸县凹陷沙三段优质烃源岩(TOC≥2.0%)主要发育在北部霸县洼槽的沙三中、下亚段,厚度分别为40~100m、30~80m,TOC均值分别为1.9%、2.5%,氯仿沥青"A"平均0.16%,(S_1+S_2)平均分别为7.67mg/g、8.68mg/g,有机质类型以II_1、II_2型为主。霸县凹陷南部的郑州洼槽沙三中优质烃源岩TOC平均1.4%,氯仿沥青"A"平均0.066%,(S_1+S_2)平均5.93mg/g,有机质类型以II_1、II_2型为主;沙三下亚段优质烃源岩TOC平均1.91%,(S_1+S_2)

平均 8.36mg/g,有机质类型以 II_1 型为主(图 3-20)。

饶阳凹陷沙三段优质烃源岩主要发育在马西洼槽的沙三下亚段,厚度 20~110m,TOC 平均 1.5%,氯仿沥青"A"平均 0.21%,(S_1+S_2) 平均 7.8mg/g,有机质类型以 II_1、II_2 型为主;河间洼槽的沙三上亚段,厚度 10~50m,TOC 平均 1.1%,氯仿沥青"A"平均 0.29%,(S_1+S_2) 平均 3.4mg/g,有机质类型以 II_2 型为主;留西洼槽的沙三上亚段,厚度 10~30m;武强洼槽的沙三上亚段,厚度 20~70m,TOC 平均 1.1%,氯仿沥青"A"平均 0.14%,(S_1+S_2) 平均 5.12mg/g,有机质类型以 II_1、II_2 型为主。

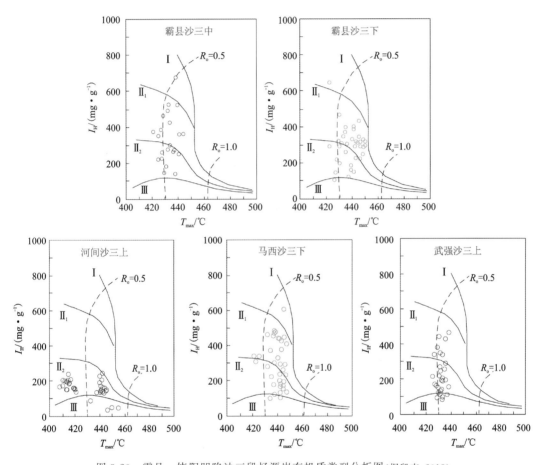

图 3-20　霸县—饶阳凹陷沙三段烃源岩有机质类型分析图(据殷杰,2018)

廊固凹陷沙三下烃源岩 TOC 平均 1.13%,有机质类型以 II 型为主,处于未成熟—中等成熟阶段;沙三中烃源岩 TOC 平均 1.24%,有机质类型以 II 型为主,处于未成熟—低熟阶段(图 3-21)。

坳陷南部的束鹿凹陷中南洼槽在沙三下相对封闭湖盆中沉积了巨厚泥灰岩,厚度 300~1500m,其中,优质烃源岩厚度 30~150m,分布面积 220km²。泥灰岩 TOC 多在 1.0%~4.0%之间,部分在 7.0%以上。其中纹层状泥灰岩有机碳含量最高,洼槽中心厚度最大。TOC 大于 1%的面积为 140km²,氯仿沥青"A"含量大于 0.1%的区域也是 140km²。束鹿凹陷沙三下有机质类型以 II_1 型为主,包括部分 II_2、III 型。总体认为,束鹿凹陷沙三下泥灰岩有

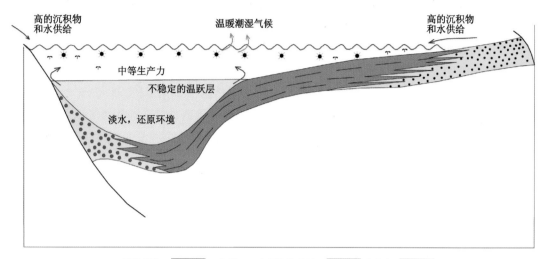

图 3-21 廊固凹陷沙三下烃源岩发育模式(据刁帆等,2014)

机质丰度,特别是可溶有机质丰度高,为好烃源岩。其中,沙三下Ⅰ油组泥灰岩为中等—好烃源岩,Ⅱ油组泥灰岩为好烃源岩,Ⅲ油组泥灰岩为好—很好烃源岩(图 3-22)。束鹿凹陷沙三下烃源岩 R_o 在 $0.3\%\sim1.25\%$ 之间,主体处于成熟阶段。

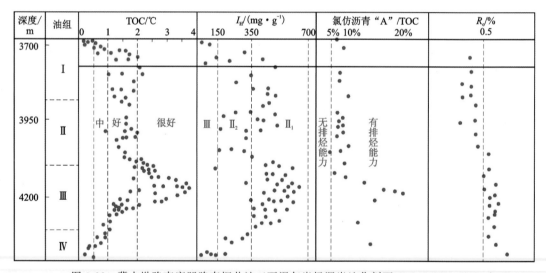

图 3-22 冀中坳陷束鹿凹陷束探井沙三下泥灰岩烃源岩地化剖面(据马学峰等,2019)

2. 沙一下烃源岩

此处烃源岩主要为亚热带低温多雨气候条件下的咸化半深湖—深湖相强还原环境沉积的暗色泥岩,在冀中坳陷中部饶阳凹陷最为发育,主要岩性为油页岩,少量泥页岩和灰质泥岩,有机质丰度高,任西洼槽的 TOC 为 $1.14\%\sim6.20\%$,(S_1+S_2) 为 $0.89\sim52.43$mg/g,属于优质烃源岩;马西洼槽 TOC 为 $1.13\%\sim3.42\%$,(S_1+S_2) 为 $6.19\sim28.33$mg/g;河间、留西洼槽 TOC 为 $0.18\% \sim 3.83\%$,(S_1+S_2) 为 $0.96 \sim 24.47mg/g$;武强洼槽 TOC 为 $0.33\% \sim 1.39\%$,(S_1+S_2) 为 $0.17 \sim 8.96mg/g$;有机质类型为 II、I 型,为一套好烃源层,是冀中坳陷形成未熟—低熟油的主要层段(图 3-23)。

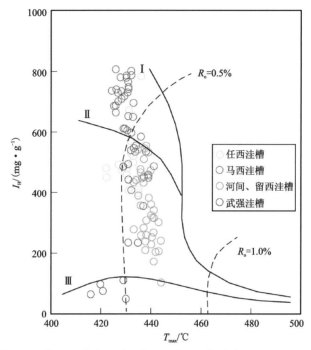

图 3-23 饶阳凹陷沙一下亚段 T_{max} 与 I_H 关系图(据杨帆等,2021)

总体来看,冀中坳陷古近系烃源岩的有机质品质,平面上,霸县凹陷最佳,廊固、饶阳和束鹿凹陷次之;层位上,沙三段最好,沙四段—孔店组多为中等烃源岩。

四、济阳坳陷

济阳坳陷古近系纵向上主要发育孔二段—沙四下盐湖相烃源岩、沙四上咸化湖相烃源岩、沙三下淡水湖相烃源岩以及沙一段咸水湖相烃源岩(张林晔等,2003;李丕龙,2004;赵彦德等,2008;谢向东等,2010;张善文,2012;于仲坤,2012;韩冬梅,2014)。

1. 孔二段烃源岩

济阳坳陷孔二段主要受北西向断层控制,烃源岩主要分布于牛庄、博兴、阳信、滋镇、临南、孤北、渤南等洼陷,推测为低洼沼泽沉积的暗色泥岩,主要岩性为灰色、深灰色泥岩以及灰黑色碳质泥岩。古气候为亚热带型,暖热而湿润,沉积水体为还原的微咸—半咸水、半深湖—浅湖环境,高等植物和浮游生物对于生烃均有较大贡献。目前已在东营凹陷的东风 6 井、柳参 2 井、胜科 1 井,沾化凹陷的桩深 1 井,惠民凹陷的林 2 井、盘深 1 井、夏 23 井、禹参 1 井等探井有所钻遇。

济阳坳陷孔二段烃源岩在东营凹陷最为发育,主要分布在牛庄洼陷北部,厚度可达 700m。东营凹陷的牛庄洼陷、博兴洼陷孔二段烃源岩 TOC 为 $0.02 \sim 1.41\%$,干酪根以 II$_2$、

Ⅲ型为主,R_o为0.72%～1.25%,主要为中等烃源岩,已进入成熟阶段。惠民凹陷的阳信洼陷及林樊家地区孔二段烃源岩厚度可达500m以上,TOC为0.1%～1.32%,干酪根为Ⅱ、Ⅲ型,R_o为0.79%～1.39%,为高成熟—过成熟烃源岩。沾化凹陷的孤北洼陷孔二段烃源岩TOC为0.17%～0.82%,干酪根Ⅰ、Ⅲ型均有,R_o为1.03%～1.37%,为较好的成熟—高成熟烃源岩。

2. 沙四下烃源岩

济阳坳陷沙四下位于沙四段第一套盐膏层之下,为间歇性盐湖相沉积,地层主要由棕红色、灰色、暗灰色砂泥岩互层夹盐岩、石膏层组成。沙四下烃源岩主要为深灰色—灰黑色泥岩、油页岩、含盐泥岩和膏质泥岩等,主要发育在东营凹陷北部陡坡带边界断层之下的深洼部位,地层厚度500～1000m,暗色泥岩累计厚度可达600～800m;渤南洼陷北部深洼区也发育沙四下烃源岩。

济阳坳陷沙四下段暗色泥岩,37块样品TOC为0.06%～9.72%,平均1.66%;35块样品氯仿沥青"A"为0.005 3%～2.852 1%,平均0.49%;7块样品(S_1+S_2)为0.28～60.98mg/g,平均11.49mg/g。干酪根以Ⅰ、$Ⅱ_1$型为主,R_o为0.50%～2.17%。综合评价,沙四下烃源岩有机质丰度较高,属于较好—好烃源岩,处于成熟—过成熟阶段,生成大量的凝析油和天然气。在有机质丰度方面,东营凹陷沙四下烃源岩,20块样品TOC为0.06%～3.27%,平均1.14%;28块样品氯仿沥青"A"为0.012%～2.852 1%,平均0.54%;3块样品(S_1+S_2)为0.28～0.43mg/g,平均0.36%。干酪根以Ⅰ、$Ⅱ_1$型为主,属于好烃源岩。沾化凹陷沙四下烃源岩,15块样品TOC为0.65%～9.72%,平均2.98%;5块样品氯仿沥青"A"平均0.517 3%;2块样品(S_1+S_2)为2.31～60.98mg/g,平均31.645mg/g,属于较好—好烃源岩。

3. 沙四上烃源岩

济阳坳陷沙四上主要为咸水—半咸水湖相沉积,地层厚度一般100～500m,其中,暗色泥岩一般占地层厚度的64%～95%,累计厚度25～400m。沙四上烃源岩主要岩性为泥岩、油页岩、含盐泥岩和膏质泥岩等。沙四上烃源岩主要分布在东营凹陷、沾化凹陷、青东凹陷、惠民凹陷的阳信洼陷以及车镇凹陷东部。惠民凹陷的临南洼陷、滋镇洼陷、车镇凹陷西部车西洼陷沙四上烃源岩较差(图3-24、图3-25)。

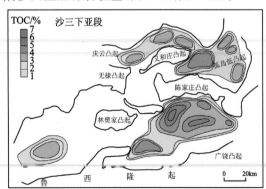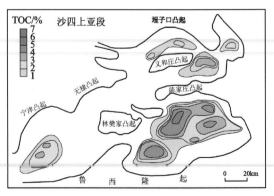

图 3-24　济阳坳陷沙三下与沙四上 TOC 等值图(据刘惠民等,2022)

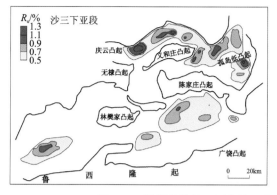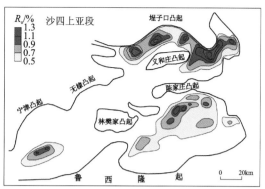

图 3-25　济阳坳陷沙三下与沙四上页岩 R_o 等值线图(据刘惠民等,2022)

东营凹陷沙四上烃源岩,159 块样品 TOC 为 0.08%～10.24%,平均 2.79%;205 块样品氯仿沥青"A"为 0.003 1%～5.036 8%,平均 0.46%;74 块样品(S_1+S_2)为 0.02～73.1mg/g,平均 15.79%;干酪根以 Ⅰ、Ⅱ₁ 型为主,属于较好—好烃源岩(图 3-26)。其中,博兴洼陷沙四上烃源岩 TOC 为 2.0%～3.0%,(S_1+S_2)为 16～20mg/g,有机质类型主要为 Ⅰ 型。牛庄洼陷沙四上烃源岩以深灰色泥岩、灰褐色钙质纹层泥页岩为主,夹薄层泥灰岩和白云岩,并发育条带状膏岩,厚度 40～120m。纹层分别为富钙质、富泥质、有机质纹层,以及富黏土和黄铁矿纹层,其中富钙质纹层含大量颗石藻鳞片或隐晶方解石。藻类是该套烃源岩生烃的物质基础。沙四上亚段下部,以德弗兰藻化石组合为主,上部富含渤海藻和盘星藻藻属,藻类属种演变反映了水体逐渐淡化的过程。孤北洼陷为一套咸化湖相沉积,以灰色泥岩、泥质粉砂岩夹细砂岩为主,顶部发育厚约 50m 的白云质泥岩、钙质泥岩,结构类似于东营凹陷,但分布范围较小。渤南洼陷为一套盐湖相沉积,烃源岩厚度 25～300m,在盐湖中心地区湖水存在永久性分层,形成一套缺氧有机相和短暂充氧有机相烃源岩,岩性以膏质泥岩、膏质页岩、灰质页岩和纹层泥灰岩为主。

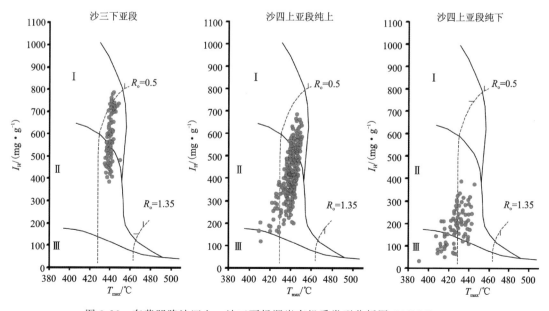

图 3-26　东营凹陷沙四上—沙三下烃源岩有机质类型分析图(据巢前等,2017)

39

沾化凹陷沙四上烃源岩,21块样品TOC为0.16%~5.33%,平均2.74%;19块样品氯仿沥青"A"为0.018%~1.2398%,平均0.56%;13块样品(S_1+S_2)为0.23~53.0mg/g,平均18.05%;属于较好—好烃源岩。其中,渤南洼陷沙四上亚段烃源岩TOC为0.22%~13.9%之间,平均2.77%;氯仿沥青"A"含量0.0091%~1.6756%,平均0.4482%;干酪根主要为Ⅰ、Ⅱ₁型;R_o为0.49%~2.4%,演化程度高,主要生成深层裂解生气。惠民凹陷阳信洼陷沙四上暗色泥岩厚度100~600m,TOC为0.3%~7.43%,氯仿沥青"A"为0.011%~1.8329%,干酪根Ⅰ、Ⅲ型均有,以Ⅰ型为主,为较好—好烃源岩;R_o为0.45%~0.65%,为成熟烃源岩。临南洼陷沙四上烃源岩主要为灰色泥岩,油页岩不发育,TOC平均1.8%,氯仿沥青"A"为0.1%~0.2%之间;R_o多数大于0.65%,为成熟烃源岩。滋镇洼陷沙四上烃源岩埋深浅,为未熟—低熟烃源岩。

车镇凹陷车西洼陷沙四上烃源岩主要为盐湖相含膏泥岩、白云岩和钙质泥岩,分布局限,洼陷中心厚度50~100m。26块样品TOC为0.27%~2.38%,平均1.07%;24块样品氯仿沥青"A"为0.003%~0.330%,平均0.117%;16块样品(S_1+S_2)为0.13~13.9mg/g,平均3.98mg/g;有机质类型主要为Ⅰ、Ⅱ₁型;烃源岩品质总体不高。大王北洼陷沙四上盐湖相烃源岩,洼陷中心厚度100m左右,主要由含膏泥岩、白云岩、钙质泥岩组成,TOC为1.0%~8.0%,氯仿沥青"A"为0.1%~1.38%,有机质类型为Ⅰ、Ⅱ₁型,埋深超过3000m,进入生烃高峰。

青东凹陷沙四上烃源岩主要为暗色泥岩,厚度300~800m,主要分布在中北部洼陷区,TOC为0.30%~4.7%,平均1.59%;氯仿沥青"A"为0.011%~0.556%,平均0.1312%;(S_1+S_2)为0.36~30.45mg/g,平均5.29mg/g;有机质类型以Ⅰ、Ⅱ型为主;属于好—优质烃源岩。

济阳坳陷沙四段烃源岩埋深约2800m时,R_o为0.5%,进入生烃门限(图3-27)。

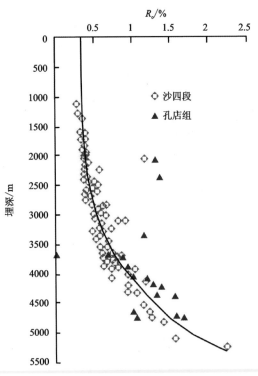

图3-27 济阳坳陷孔店组、沙四段R_o与埋深关系图(据于仲坤,2012)

4. 沙三下烃源岩

沙三下烃源岩广泛分布于济阳坳陷及滩海地区,厚度150~800m,岩性以淡水—微咸水—半咸水、半深湖—深湖相暗色泥岩、灰褐色油页岩及页岩为主,夹少量灰色灰岩及白云岩。浮游生物极为繁盛,沟鞭藻类、疑源类、介形类及鱼等生物遗体往往顺层分布,形成夹在泥质纹层中间的有机质富集层(图3-28)。

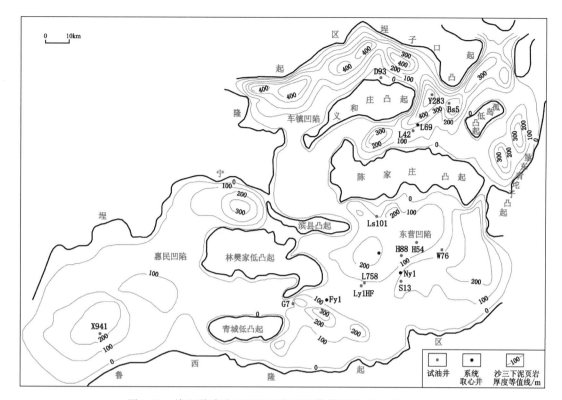

图 3-28　济阳坳陷沙三下泥页岩厚度等值线图(据王勇等,2016)

东营凹陷沙三下烃源岩 TOC 为 1.3%～18.6%,平均 4.9%;氯仿沥青 A 为 0.11%～2.94%,平均 0.92%;有机质以 I、II 型为主。其中,博兴洼陷沙三下烃源岩 TOC 为 1.0%～3.5%,(S_1+S_2) 为 16～20mg/g,有机质类型主要为 I 型;牛庄洼陷 R_o 平均 0.67%,处于生油阶段初期。惠民凹陷临南洼陷沙三下暗色泥岩厚度 50～250m,27 块烃源岩样品 TOC 为 0.07%～5.79%,平均 1.3%;氯仿沥青"A"为 0.05%～0.65%;27 块样品 (S_1+S_2) 为 0.07～19.3mg/g,平均 3.93mg/g;有机质类型以 I、II$_1$ 型有机质为主,R_o 为 0.51～0.66%。沾化凹陷渤南洼陷沙三下烃源岩 TOC 为 2.0%～8.0%,氯仿沥青"A"为 0.107 5%～2.66%,干酪根为 I、II$_1$ 型(图 3-29),R_o 为 0.55%～0.68%;孤北洼陷沙三下烃源岩,TOC 多数大于 3.0%,氯仿沥青"A"平均 0.321 9%,干酪根类型主要为 I 型。车镇凹陷车西洼陷沙三下烃源岩主要为半咸水深湖—半深湖相油页岩、钙质泥岩,34 块样品 TOC 为 1.0%～5.9%,平均 2.95%;20 块样品氯仿沥青"A"为 0.150%～0.89%,平均 0.431%;29 块样品 (S_1+S_2) 为 1.33～29.65mg/g,平均 13.61mg/g;有机质类型以 I、II$_1$ 型为主;属于优质烃源岩。

5. 沙一段烃源岩

济阳坳陷沙一段优质烃源岩纵向上主要分布在沙一段下部,平面上主要发育于沾化凹陷的孤南洼陷、渤南洼陷,以及埕北凹陷,分布广、厚度薄,以孤南洼陷为代表,厚度 50～120m。岩性为含颗石藻纹层泥页岩,纹层理极为发育,由富含泥质纹层和钙质纹层组成,纹层厚 0.1～0.5mm,反映了水体平静、能量弱的沉积环境。孤北洼陷沙一段烃源岩主要为半深湖油

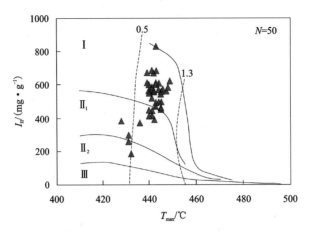

图 3-29　沾化凹陷沙三下烃源岩氢指数与热解峰温关系(据陈委涛,2016)

页岩、钙质泥岩和灰色泥岩。临南洼陷沙一段烃源岩主要为生物灰岩、油页岩和钙质泥岩沉积。阳信洼陷沙一段烃源岩主要为深灰色泥岩、褐灰色油页岩、褐灰色油泥岩夹泥质灰岩、生物灰岩、薄层白云岩。

渤南洼陷沙一段烃源岩以半咸水—咸水、半深湖—深湖相油页岩、油泥岩为主,夹薄层白云岩,TOC 为 2.8%~7.5%,氯仿沥青"A"为 0.44%~2.6%,有机质类型以 I 型为主,R_o 为 0.3%~0.55%,为未熟—低熟烃源岩。孤北洼陷沙一段烃源岩 TOC 为 1.0%~3.0%,以 II 型干酪根为主,埋深在 3000m 左右,成熟度较低,为半咸水—咸水低熟烃源岩。临南洼陷沙一段烃源岩干酪根以 I、II_1 型为主,TOC 为 0.5%~4.9%,为半咸水—咸水未熟烃源岩。阳信洼陷沙一段烃源岩 TOC 为 0.83%~6.07%,平均 3.42%;氯仿沥青"A"为 0.039 5%~1.229 4%,平均 0.122 9%;(S_1+S_2)平均 26.10mg/g;有机质类型为 I 型,达到优质烃源岩标准;埋深在 1500m 左右,10 块样品 R_o 为 0.26%~0.36%,为较好的生物气源岩。

车镇凹陷车西洼陷沙一下烃源岩主要为半咸水—咸水、半深湖—深湖相油页岩和油泥岩,厚度在 200m 左右,14 块样品 TOC 为 1.92%~5.81%,平均 4.21%;12 块样品氯仿沥青"A"为 0.170%~1.027%,平均 0.379%;6 块样品(S_1+S_2)为 22.64~43.16mg/g,平均 34.91mg/g;有机质类型以 I 型为主;属于优质烃源岩。

五、昌潍坳陷

昌潍坳陷潍北凹陷是目前的主力含油区,孔店组二段是其主力烃源岩层位(彭文泉,2016;纪洪磊等,2017;张春池等,2020)。

针对昌潍坳陷孔店组泥页岩分析 420 块样品,TOC 为 0.21%~9.46%,其中,好—极好烃源岩 164 块,中等烃源岩 74 块,差烃源岩 66 块。另据昌页参 1 井分析,孔二上 36 块样品 TOC 为 0.13%~15.80%,平均 3.08%;孔二中 65 块样品 TOC 为 0.13%~19.80%,平均 2.51%;孔二下 18 块样品 TOC 为 0.14%~5.38%,平均 1.66%;昌页参 1 井样品 TOC 最大为 9.46%。分析 190 块样品的(S_1+S_2),中等以上烃源岩 80 块,差烃源岩 25 块;分析 146 块样品的氯仿沥青"A",中等以上烃源岩 67 块,差烃源岩 48 块。孔店组泥页岩总体属于中等以上烃源岩。平面上,从南部斜坡带向北部洼陷带,有机质含量逐渐增多,有机质丰度逐渐变高。北部洼陷 TOC 平均 2.56%,部分高达 15.9%。盆地边缘的有机碳含量较低。

位于潍北凹陷北部深洼区的昌页参 1 井,孔二段上、中亚段样品中,II_1 型干酪根占 45.5%,II_2 型干酪根占 36.4%,III 型干酪根占 18.1%,有机质类型以 II 型为主,生烃潜力较大。孔二段下亚段以 III 型干酪根为主,生烃潜力相对较差。

平面上,凹陷东北部地区有机质主要来自陆源植物碎屑,干酪根属于 II 或 III 型;凹陷中部地区,浮游生物和藻类相对发育,有机质干酪根中腐泥组分明显增多,最高可达 90% 左右,干酪根属于 I 型。

昌潍坳陷孔二段烃源岩 R_o 为 0.8%~1.4%,整体处于成熟—高成熟阶段。

总体来看,埋深 2500m 左右时,R_o 达到 0.5%;埋深 3500m 左右时,R_o 达到 1.0%。但由于不同构造部位地温梯度的差异,成熟度与埋深关系不同。例如,处于凹陷中部的昌 64 井,在埋深 3000~3500m 范围内,R_o 为 1.0%~1.33%;位于北部洼陷区的央 5 井,在埋深 3300~4000m 范围内,R_o 为 1.0%~1.62%。根据凹陷北部的昌页参 1 井样品分析,埋深<2700m,R_o<0.8%;埋深 2700~2900m,R_o 为 0.78%~1.04%;埋深 2900~3100m,R_o 为 1.11%~1.42%。

六、东濮凹陷

东濮凹陷古近系主要发育 2 套烃源岩:沙四段—沙三段暗色泥页岩,沙一段暗色泥页岩(武晓玲,2013;张春池等,2020;谈玉明等,2020;李浩等,2020;刘宣威等,2021)。

东濮凹陷古近系自下而上发育沙四上、沙三下、沙三中、沙三上、沙一段 5 套以暗色泥岩为主的烃源岩层系。其中,沙三中厚度最大,最厚约 800m,主要分布在北部的柳屯、海通集、前梨园洼陷和南部的葛岗集洼陷;沙三下次之,最厚约 700m,主要分布在北部的海通集、前梨园洼陷和南部的葛岗集洼陷;沙四上暗色泥页岩最厚约 600m,自前梨园向周边逐渐减薄;沙三上暗色泥岩最厚约 500m,以北部的海通集和柳屯洼陷最厚,前梨园洼陷最厚仅 300m;沙一段暗色泥岩较薄,以前梨园洼陷最厚(300m 左右)。平面上,凹陷北部暗色泥岩厚度明显要大于南部,并且分布较广,前梨园、柳屯、海通集、濮卫次洼等洼陷均有分布,南部暗色泥岩厚度较薄,且范围较小,主要分布在葛岗集洼陷。

1. 沙四段—沙三段烃源岩

从古气候上看,东濮凹陷沙四段—沙三段沉积时期经历了 4 期较大的气候演变:①沙四段沉积时期,由干热演变为温湿气候;②沙三下沉积早期—沙三中沉积中期,从温湿转变为干热;③沙三中沉积中期—沙三中沉积晚期,迅速由干热转为温湿;④沙三段沉积晚期,主要为半干旱—半湿润气候。干旱与潮湿气候交替导致湖平面频繁变化,造成了盐岩与富有机质页岩互层共生,烃源岩有机质丰度、类型、成熟度也呈现规律性变化。例如,卫 146 井沙四上地层厚度 164m,暗色泥岩厚度 49.7m,共发育优质烃源岩 30 层,单层最大厚度 2.81m,大部分单层厚度小于 0.5m,优质烃源岩与差烃源岩间互发育。

从古盐度看,东濮凹陷沙四段—沙三段沉积时期,北部水体主要为咸水—半咸水环境,古盐度普遍大于10‰,部分大于35‰,以强还原—正常还原环境为主;南部主要为淡水环境,水体还原性稍弱。TOC≥1.0%的优质烃源岩主要形成于沙四上—沙三下温湿气候条件下的高盐度、强还原深湖—半深湖沉积环境,在北部沉积中心附近厚度最大,围绕盐岩分布。

从有机质生物来源看,统计东濮凹陷北部583件泥岩样品,Sr/Ba含量均较高,大部分地层大于1.0,指示为咸水环境;仅在沙三上2砂组和沙三上6砂组含量较低,Sr/Ba含量处于0.5~1.0之间,指示为半咸水环境。对东濮凹陷不同层系、不同水体环境293件烃源岩样品微体古生物进行鉴定,结果表明:①咸水环境以蓝藻、颗石藻和沟鞭藻为主,颗石藻常以钙质纹层的形式与层状蓝藻和黏土矿物层互层分布,沟鞭藻则以群体状富集于矿物层中;层状藻类体与无机矿物形成纹层状结构,页岩发育。②半咸水环境以沟鞭藻为主,见有少量绿藻,多呈群体状富集。③淡水环境以绿藻为主,有机质丰度相对较低,高等生源更加丰富,有机质类型较差,生烃潜力较小。

从岩性上看,东濮凹陷TOC≥1.0%的优质烃源岩以页岩和油页岩为主,暗色泥岩次之。烃源岩有机质丰度与碳酸盐矿物含量呈正相关,石灰质、白云质页岩有机质丰度最高,碎屑矿物为主的烃源岩有机质丰度均较低。

纵向上,东濮凹陷沙四上为单斜箕状断陷,优质烃源岩分布最广,由盐湖中心向湖盆边缘,厚度由薄到厚再到薄,丰度由高到低,最大累计厚度约450m。沙三下沉积中心由东向西逐渐转移,处于最大湖泛期,优质烃源岩面积广、厚度大,累计最厚约400m。沙三中以上地层,烃源岩平面分布不连续,仅在各洼陷中心发育。沙三中5~9砂组优质烃源岩累计最厚在300m左右,1~4砂组优质烃源岩累计最厚约200m。沙三上湖盆萎缩,优质烃源岩面积缩小,累计最厚约350m。沙一段优质烃源岩面积较大,但厚度较薄,累计厚度最大仅150m。总体来看,沙四上和沙三下咸水和半咸水环境优质烃源岩最为发育,占烃源岩总量的40%以上;沙三中咸水环境优质烃源岩明显较淡水和半咸水更为丰富;沙三上优质烃源岩相对较少;沙一段优质烃源岩范围较广,但厚度薄(图3-30)。

平面上,优质烃源岩主要分布在凹陷北部,主要受盐湖控制,在盐湖边缘和深水区最为发育,围绕盐岩边部呈环带状分布。沙四上优质烃源岩由盐湖中心向湖盆边缘,厚度由薄到厚再到薄,丰度由高到低。

从有机质类型看,沙四上—沙三下烃源岩有机质以II_1、II_2型为主,部分为Ⅰ型,类型较好,成熟度高,是东濮凹陷最为有利的生油气层段。沙三中、下亚段富有机质泥页岩主要分布在凹陷北部的前梨园次洼、海通集洼陷以及濮卫与文留地区,TOC含量0.6%~5.1%,游离油含量0.22~4.58mg/g。沙三中烃源岩有机质丰度和类型较沙四上—沙三下略差,TOC较高,类型较好的烃源岩主要分布于各洼陷中心,且范围相对较小。沙三上烃源岩有机质丰度稍低,异常高TOC烃源岩主要集中在北部的柳屯、濮卫地区。沙一段烃源岩有机质丰度高,类型较好,但成熟度较低,仅在前梨园、海通集洼陷区部分达到成熟。

从单井来看,东濮凹陷烃源岩纵向上非均质性强,优质烃源岩具有有机质丰度高、生烃潜量高($S_1+S_2>8.0$mg/g)、有机质类型好(Ⅰ、II_1型)等特征,有机质以低等水生生物藻类为主,显微组分中藻类体和腐泥无定形含量丰富,生烃潜力高(图3-31)。

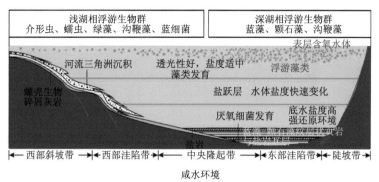

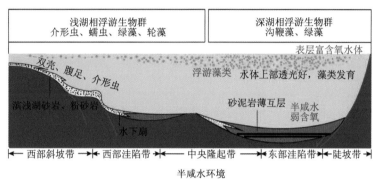

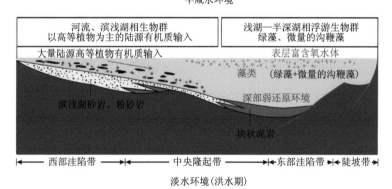

图 3-30 东濮凹陷古近系优质烃源岩发育模式(据李红磊等,2020)

从东濮凹陷烃源岩排烃效率与 TOC 关系图可以看出,当 TOC<1.0% 时,随 TOC 的增大,烃源岩排烃效率快速升高;TOC>1.0% 后,烃源岩排烃效率增速迅速降低。从东濮凹陷烃源岩 S_1 与 TOC 关系图可以看出,S_1 随 TOC 增大呈指数递增关系,拐点出现在 TOC= 1.0%;当 TOC<1.0% 时,S_1 随着 TOC 的增大迅速增大;当 TOC>1.0% 时,S_1 增大速度急剧减小。综合分析,TOC=1.0% 是东濮凹陷优质烃源岩丰度下限(图 3-32、图 3-33)。

东濮凹陷沙河街组盐岩发育较为广泛。纵向上,沙四上、沙三下—沙三上、沙二上和沙一段均有盐岩发育。平面上,盐岩主要分布于桥口以北地区(图 3-34)。沙一段盐岩分布最为广泛,几乎覆盖了整个东濮北部地区,沙三中和沙四上盐岩分布范围也较大,沙三下和沙三上盐岩分布范围相对较小。

东濮凹陷沙四段、沙三段烃源岩生烃门限成熟度,在北部含盐区、北部无盐区、南部淡水区分别为 0.3%、0.4%、1.1%(图 3-35)。

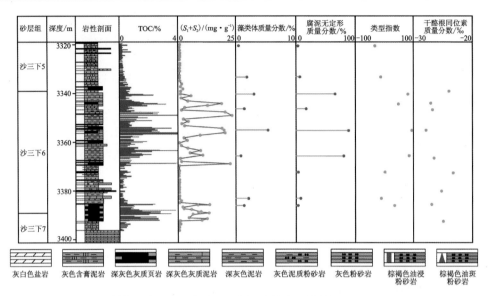

图 3-31　东濮凹陷文 248 井沙三下烃源岩综合地化剖面(据谈玉明等,2020)

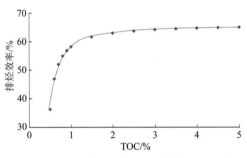

图 3-32　东濮凹陷烃源岩排烃效率与 TOC 关系
(据谈玉明等,2020)

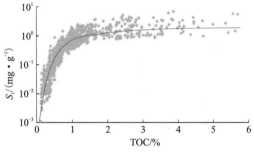

图 3-33　东濮凹陷烃源岩 S_1 与 TOC 关系
(据谈玉明等,2020)

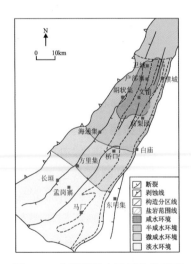

图 3-34　东濮凹陷古近系盐岩平面
分布示意图(据刘宣威等,2021)

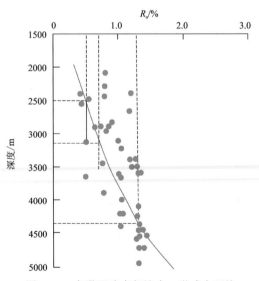

图 3-35　东濮凹陷南部淡水—微咸水环境
烃源岩深度演化图(据王则,2020)

第三节　南襄盆地页岩层系地化指标

作为南襄盆地两大主力生油凹陷,泌阳凹陷、南阳凹陷烃源岩条件均较好,泌阳凹陷更优(吕明久,2012;李志明等,2013;陈建平等,2014;张鑫,2020;郭飞飞和柳广弟,2021)。

泌阳凹陷面积 1000 km^2,有效勘探面积 800 km^2,生油中心位于安棚—安店一带,烃源岩层位主要为核(核桃园组)三段、核二段、大仓房组,烃源岩最厚达 1900m,累计厚度 3700m,分布面积 635 km^2。烃源岩岩性为还原—强还原深水环境沉积的褐色、褐灰色、黑色页岩、油页岩以及灰色泥岩。

南阳凹陷面积 3600 km^2,有效勘探面积 900 km^2,核桃园组是主要含油岩系,最厚约2400m。核桃园组划分 3 段,核三段沉积后期至核二段沉积中期是湖盆发育全盛时期,在深凹部位沉积了巨厚的半深湖—深湖相暗色泥岩地层,核三段泥岩厚度 150m,核二段泥岩厚度350m,是南阳凹陷的主要烃源岩系。南阳凹陷核桃园组生油中心位于牛三门、东庄 2 个次洼,暗色泥岩分布面积 195 km^2。烃源岩分布范围自下而上逐步向南部深洼带收缩集中,边界断层控制作用逐渐增强。南阳凹陷核二段烃源岩有机质以细菌和低等植物来源为主,其有机质类型较好,而核三段烃源岩高等植物来源相当丰富。

1. 核桃园组烃源岩

泌阳凹陷核桃园组烃源岩 TOC 平均 1.77%,氯仿沥青"A"含量 0.216 7%,主要发育深湖—半深湖相褐色油页岩、黑色页岩、灰色泥岩,以及灰色白云岩及褐色泥质白云岩等,广布于凹陷中部。其中,泥页岩有机质含量高,TOC 多数大于 0.5%。南阳凹陷核三段发育半深湖—深湖相暗色泥岩,沉积中心位于南部新野断裂附近深洼区,厚度大,有机质丰度高,类型好(以Ⅰ、Ⅱ₁型为主),整体处于低成熟—成熟演化阶段。

2. 核三下烃源岩

泌阳凹陷 16 块样品分析表明,TOC 为 0.44%～4.43%,平均 1.60%;11 块样品分析表明,氯仿沥青"A"为 366～6820μg/g,平均 2390μg/g;16 块样品分析表明,生烃潜量(S_1+S_2)为 0.36～24.26mg/g,平均 6.83mg/g;有机质类型多为Ⅱ₁、Ⅱ₂型以及Ⅲ型。

南阳凹陷暗色泥岩发育于盐湖相咸水强还原沉积环境,以南部深洼带为厚度中心,向北部斜坡迅速减薄。西部的东庄洼陷烃源岩厚度可达 400m,东部的牛三门洼陷厚度可达300m。68 块样品分析表明,TOC 为 0.54%～2.27%,平均 1.24%;氯仿沥青"A"为 0.054%～0.308%,平均 0.171%;(S_1+S_2)为 1.42～17.13mg/g,平均 8.5mg/g;R_o 为 0.65%～1.26%,平均 0.96%。属于中等—好级别烃源岩,处于低熟—成熟演化阶段。TOC>1.2%的优质烃源岩主要发育在凹陷中东部的白秋—魏岗地区,最厚可达 250m,分布范围广,连续性好。

3. 核三上烃源岩

泌阳凹陷26块样品分析表明,TOC为0.40～5.40%,平均2.23%;9块样品分析表明,氯仿沥青"A"为276～10 419μg/g,平均2794μg/g;26块样品分析表明,生烃潜量(S_1+S_2)为0.30～33.18mg/g,平均11.69mg/g;有机质类型主要为II_1型,以及少量I型和II_2型。核三上烃源岩在核一段沉积末期开始生烃,至廖庄组沉积末期达到生烃高峰,并持续至今(图3-36)。

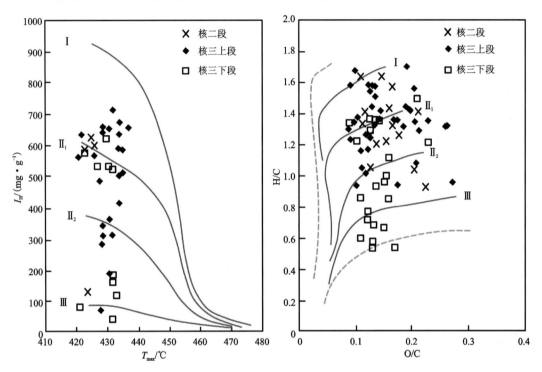

图3-36　泌阳凹陷有机质类型(据张鑫,2020)

南阳凹陷暗色泥岩主要发育于半咸水—咸水还原沉积环境,部分为淡水—微咸水还原环境。烃源岩厚度100～250m,西部的东庄和焦店地区厚度一般100m,东部的牛三门洼陷半地堑形态明显,烃源岩厚度最大可达250m。113块样品分析表明,TOC为0.52%～2.72%,平均1.25%;氯仿沥青"A"为0.019%～0.358%,平均0.186%;(S_1+S_2)为1.53～18.03mg/g,平均9.2mg/g;R_o为0.56%～1.23%,平均0.91%。有机质类型以I、II_1型为主(图3-37)。属于中等—好级别烃源岩,处于低熟—成熟演化阶段。

4. 核二段烃源岩

泌阳凹陷核二段9块样品分析表明,TOC为0.50%～3.31%,平均1.85%;氯仿沥青"A"为665～9066μg/g,平均2913μg/g;生烃潜量(S_1+S_2)为0.69～20.31mg/g,平均8.71mg/g;有机质类型以II_1型为主,少量I型和II_2型。

泌阳凹陷平均地温梯度4.1℃/100m,由于南北地温梯度差异明显,生油门限范围大,为1500～1900m。南阳凹陷烃源岩在1850m左右开始生烃,在2500m左右开始大量生烃,在3200m左右达到生烃高峰(图3-38)。

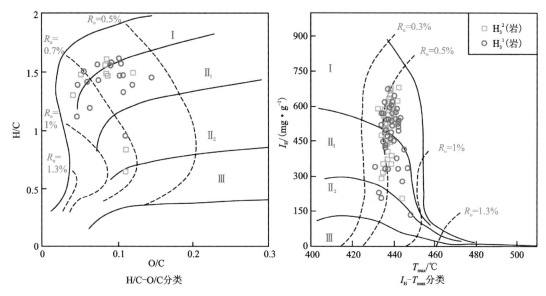

图 3-37 南阳凹陷核三段烃源岩有机质类型分类(据郭飞飞和柳广弟,2021)

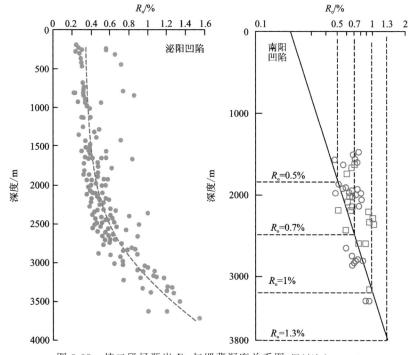

图 3-38 核二段烃源岩 R_o 与埋藏深度关系图(据刘洁文,2019)

5. 大仓房组烃源岩

在泌阳凹陷双河—杜坡、程店—安棚中—深湖相发育中等—好的烃源岩。93 块样品分析表明,TOC 为 0.12%～1.94%,平均 1.03%;有机质类型以Ⅰ、Ⅱ型为主。

第四节　江汉盆地页岩层系地化指标

江汉盆地古近系是典型的内陆盐湖相,两大重点生油区潜江凹陷、江陵凹陷的主力烃源岩有所不同(黎洋和刘登,2011;蒋伟,2012;罗开平等,2013;陈建平等,2014;杜小娟,2016;徐姝慧,2018;徐崇凯,2018)

潜江凹陷面积 $6500km^2$,为潜北、通海口大断层控制下的继承性凹陷,生烃中心与沉降—沉积中心基本一致,主要发育沙市组上段—新沟嘴组下段、潜江组 2 套烃源岩。江陵凹陷面积 $6500km^2$,主要发育沙市组上段、新沟嘴组下段、潜江组 3 套烃源岩。

1. 沙市组烃源岩

江陵凹陷沙市组烃源岩主要分布于资福寺向斜带,以在干旱—半干旱封闭盐湖相深湖—半深湖环境中沉积的灰色、深灰色泥岩为主,夹灰色含膏泥岩及灰质泥岩,平均厚度67m。资福寺洼陷沙市组烃源岩地化指标:据 135 块样品分析,TOC 为 $0.03\%\sim2.08\%$,平均 0.44%;据 54 块样品分析,氯仿沥青"A"为 $0.004\ 1\%\sim0.268\ 7\%$,平均 0.05%;据 15 块样品分析表明,(S_1+S_2) 为 $0.07\sim1.01mg/g$,平均 $0.37mg/g$;总体评价为差—中等烃源岩。有机质类型以偏腐殖型为主,主要为 III、II_1 型。沙市组烃源岩在不同构造带成熟度有差异,荆州背斜带的沙 4 井 $R_o=0.63\%$,沙 18 井 $R_o=0.75\%$,范 1 井 $R_o=1.1\%$;天鹅洲向斜带的复 2 井 $R_o=0.93\%$;资福寺洼陷带西部的虎 2 井 $R_o=1.25\%$;公安单斜带的公地 1 井 $R_o=0.67\%$。总体来讲,洼陷带成熟度演化较快,进入生烃门限;背斜带和断坡带达到低成熟阶段。

2. 新沟嘴组烃源岩

潜江凹陷新沟嘴组烃源岩以半咸水环境沉积的质量最高,微咸水次之,咸水较低,原因是:半咸水环境低等生物最为富集,藻类在咸水环境难以存活,淡水环境不利于有机质保存。新沟地区新沟嘴组有效烃源岩主要发育于半咸水环境,TOC 为 $1.91\%\sim2.95\%$,(S_1+S_2) 为 $11.32\%\sim23.09\%$,有机质类型主要是 I、II_1 型,均属于好烃源岩。R_o 为 $0.5\%\sim0.86\%$,处于低成熟—成熟演化阶段。

江陵凹陷新沟嘴组下段为主力烃源岩,烃源岩主要分布在新沟嘴组下段 2、3 油组。新沟嘴组下段沉积时期,江陵凹陷沉积中心位于梅槐桥和虎渡河—资福寺地区,在半干旱—干旱气候和半咸水条件下,发育了较厚的半深湖—深湖相地层,厚度 $500\sim800m$;其中烃源岩厚度 $20\sim200m$,平均 110m,分布面积 $2560km^2$,以灰色、深灰色泥岩为主,夹灰色含膏泥岩及灰质泥岩。根据 190 口井样品分析,新沟嘴组下段烃源岩有机质丰度以 II 油组最高,TOC 含量最大 2.93%,一般为 $0.49\%\sim0.83\%$,平均 0.75%;氯仿沥青"A"含量最大 0.53%,最小 0.004%,一般为 $0.041\%\sim0.08\%$,平均 0.062%;有机质类型以 II_2、III 型为主,总体评价为中等—好烃源岩。R_o 为 $0.72\%\sim1.34\%$,以梅槐桥洼陷最高,虎渡河洼陷带次之,基本都达到成熟—高成熟阶段。生烃史模拟结果,梅槐桥-资福寺洼陷带新沟嘴组下段烃源岩生油强度达 $(20\sim120)\times10^4 t/km^2$,梅槐桥洼陷最高达 $120\times10^4 t/km^2$。综合认为,梅槐桥-资福寺向斜是江陵凹陷的主要生烃中心。

陈沱口凹陷新沟嘴组下段 2 油组为主力烃源岩，X521 井 TOC 为 0.07%～4.88%，平均 0.98%；S_1+S_2 为 0.05～112.75mg/g，平均 5.37mg/g。C100 井 TOC 为 0.10%～8.43%，平均 0.88%；S_1+S_2 为 0.08～63.23mg/g，平均 4.86mg/g。CY1 井 TOC 为 0.06%～5.27%，平均 0.98%；S_1+S_2 为 0.001 4～110.33mg/g，平均 8.92mg/g。干酪根类型以 Ⅱ 型为主，部分 Ⅰ 型。X521 井深度 966.2～1 084.84m，R_o 为 0.49%～0.57%，处于未成熟阶段。C100 井深度 2 105.39～2 158.70m，R_o 为 0.74%～0.81%，处于早成熟阶段。CY1 井深度 2 692.68～2 712.91m，R_o 为 0.9%～0.98%，处于成熟阶段（白楠，2022）。

3. 潜江组烃源岩

潜江组沉积时期处于亚热带半干旱、半潮湿气候，半封闭半深水—深水盐湖相暗色泥岩厚度较大，最厚可达 2200m，埋藏深，有机质转化程度高，是潜江凹陷的主力烃源岩，主要岩性包括钙芒硝泥岩、泥质白云岩、白云质泥岩等富有机质泥岩，与盐岩层频繁交替，形成含盐韵律层，一般由厚度几米至十几米的泥岩段与几米至几十米的盐岩段组成。盐间段烃源岩特别发育。其中，潜江凹陷北部的蚌湖洼陷潜江组厚度可达 4000m，暗色泥岩厚度超过 1000m，埋藏较深，面积约 460km²，是潜江凹陷生烃中心（图 3-39）。

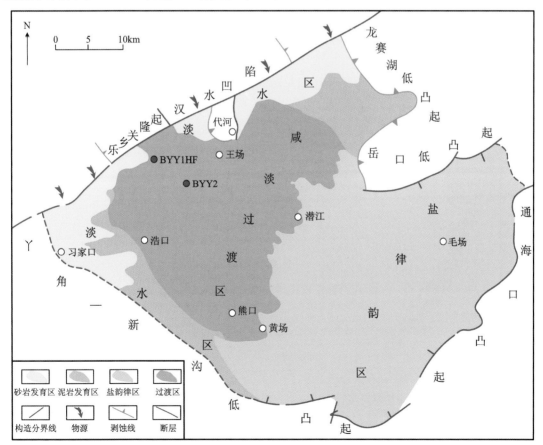

图 3-39　潜江凹陷潜江组岩相分区（据王韶华等，2022）

地化分析表明,潜江凹陷北部地区在潮湿气候、咸淡过渡带半咸水环境中沉积的潜(潜江组)一段烃源岩有机质含量最高,TOC 平均 2.50%,氯仿沥青"A"平均 0.487 0%,(S_1+S_2) 平均26.74%;在干湿交替气候咸水环境中沉积的潜二段烃源岩,有机质含量次之,TOC 平均 1.53%,氯仿沥青"A"平均 0.477 2%,(S_1+S_2) 平均 12.67%;同样在干湿交替气候咸水环境中沉积的潜三下段烃源岩,有机质含量居第三位,TOC 平均 1.06%,氯仿沥青"A"平均 0.345 8%,(S_1+S_2) 平均8.33%;在干湿交替气候半咸水环境中沉积的潜四上段烃源岩,有机质含量最低,TOC 平均 0.71%,氯仿沥青"A"平均 0.258 1%,(S_1+S_2) 平均 3.24%(表 3-2)。总体属于好—最好烃源岩。

表 3-2　潜江凹陷北部地区潜江组烃源岩有机质含量统计表(据徐姝慧,2018)

层位	有机碳含量 (TOC)/%	生烃潜量 (S_1+S_2)/ (mg/g)	氯仿沥青"A"/%	总烃含量/×10^{-6}
潜一段	$\dfrac{0.21\sim5.854}{2.50(18)}$	$\dfrac{0.44\sim65.83}{26.74(18)}$	$\dfrac{0.000\ 7\sim7.715\ 0}{0.487\ 0(84)}$	
潜二段	$\dfrac{0.22\sim6.03}{1.53(32)}$	$\dfrac{0.44\sim62.51}{12.67(32)}$	$\dfrac{0.003\ 2\sim6.840\ 0}{0.477\ 2(139)}$	$\dfrac{38.60\sim416.04}{177.58(20)}$
潜三上段	$\dfrac{0.25\sim3.87}{1.01(15)}$	$\dfrac{0.08\sim30.37}{6.46(15)}$	$\dfrac{0.002\ 5\sim4.400\ 0}{0.216\ 8(114)}$	$\dfrac{37.18\sim191\ 9.89}{352.83(15)}$
潜三下段	$\dfrac{0.15\sim4.39}{1.06(22)}$	$\dfrac{0.15\sim53.40}{8.33(22)}$	$\dfrac{0.002\ 5\sim4.061\ 7}{0.345\ 8(151)}$	$\dfrac{55.66\sim123\ 4.77}{461.72(4)}$
潜四上段	$\dfrac{0.11\sim2.76}{0.71(55)}$	$\dfrac{0.10\sim20.81}{3.24(55)}$	$\dfrac{0.001\ 7\sim2.318\ 0}{0.258\ 1(289)}$	$\dfrac{50.26\sim496\ 1.99}{1\ 108.24(60)}$
潜四下段	$\dfrac{0.28\sim2.69}{0.82(18)}$	$\dfrac{0.45\sim16.08}{3.33(18)}$	$\dfrac{0.003\ 2\sim1.610\ 0}{0.268\ 5(157)}$	$\dfrac{2\ 162.98\sim2\ 162.98}{2\ 162.98(1)}$

注:表中数据格式 $\dfrac{范围}{平均数(样本数)}$。

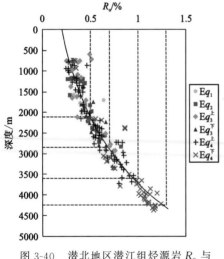

图 3-40　潜北地区潜江组烃源岩 R_o 与深度关系图(据徐姝慧,2018)

潜江组各层位干酪根类型均以 I、II$_1$ 型为主。其中,潜一段烃源岩多属于 I 型有机质,潜二段、潜三段和潜四段烃源岩存在 I、II$_1$、II$_2$ 型等多种类型,并以 II$_1$ 型有机质为主。总体上,潜江凹陷烃源岩的生油母质为腐泥型和偏腐泥型,以生油为主,具有较高的生烃潜力。

潜江凹陷北部地区潜江组烃源岩 R_o 为 0.2%～1.3%,总体处于未成熟—中等成熟阶段,在埋深2100m 左右时达到生烃门限($R_o=0.5$%),埋深达到 2800m 左右时进入低成熟阶段($R_o=0.7$%),埋深达到 3600m 左右时,处于生油高峰期($R_o=1.0$%)(图 3-40)。

其中,潜一段、潜二段和潜三上段烃源岩埋深较浅,R_o 为 0.2%～0.7%,处于未成熟—低成熟阶段;潜三下段烃源岩 R_o 为 0.4%～0.8%,

处于低成熟—中等成熟阶段；部分潜四上段与大部分潜四下段烃源岩埋藏较深，R_o 为 $0.7\%\sim$ 1.3%，处于中等—成熟阶段。

综合有机质含量与成熟度，潜三下、潜四上段暗色泥岩是蚌湖洼陷主力烃源层段。

从典型井来看，位于蚌湖洼陷中心部位的蚌页油 2 井潜 3_4^{10} 韵律段 TOC 为 $2.57\%\sim$ 4.63%，氯仿沥青"A"为 $2.1\%\sim3.06\%$，有机质类型为 I、II 型。位于蚌湖洼陷西南部的广深 1 井，潜四下段烃源岩距今 41.5Ma 开始生烃（$R_o=0.5\%$），距今 30Ma 达到生烃高峰（R_o 为 $1.0\%\sim1.1\%$），现今处于中—高成熟阶段（R_o 为 $1.0\%\sim1.5\%$）；潜四上段烃源岩距今 35Ma 开始生烃，现今处于熟度阶段（R_o 为 $0.8\%\sim1.0\%$）；潜三下段烃源岩距今 31Ma 开始生烃，现今处于中等熟度阶段（R_o 为 $0.7\%\sim0.8\%$）；潜三上段烃源岩距今 30Ma 开始生烃，现今处于低—中等成熟阶段（$R_o\approx0.7\%$）。总体来看，距今 $34\sim26$Ma，即潜一段至荆河镇组沉积末期，各洼陷生烃速率较高，是洼陷主要生烃期。

潜江组沉积时期干湿气候频繁交替，造成了纵向上盐度的差异，导致水体分层。由于分层密度结构的稳定性，盐水基本不与淡水发生交换，从而使盐水层形成封闭的缺氧环境，非常有利于有机质的保存与热演化，从而发育了优质烃源岩。潜北地区盐湖相咸化环境形成潜三下、潜四上段烃源岩，TOC 含量分别为 1.06%、0.71%，氯仿沥青"A"含量分别为 0.3458%、0.2581%，有机质转化率分别高达 32.6%、36.4%。

江陵凹陷在潜江组沉积时期，断裂拉张活动强烈，水体加深，烃源岩厚度 $100\sim600$m，资福寺地区最厚为 $500\sim600$m，分布面积 767km²，以半深湖—深湖灰色、深灰色泥岩、褐色油页岩为主。资福寺洼陷潜江组烃源岩地化指标：据 231 块样品分析，TOC 为 $0.02\%\sim3.76\%$，平均 0.50%；据 89 块样品分析，氯仿沥青"A"为 $0.001\%\sim0.4\%$，平均 0.07%；据 15 块样品分析，(S_1+S_2) 为 $0.08\sim22.31$mg/g，平均 4.33mg/g；综合评价为差—中等烃源岩。有机质类型以 I 型和 II$_1$ 型为主。虎 2 井分析表明，埋深 $3000\sim4200$m 时，R_o 为 $0.9\%\sim1.3\%$（图 3-41）。

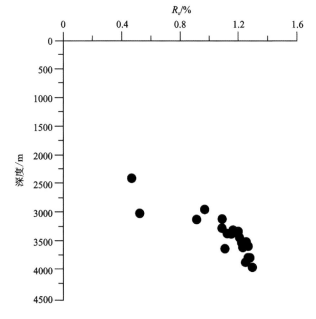

图 3-41　江陵凹陷虎 2 井 R_o 随深度变化图（据蒋伟，2012）

第五节　苏北盆地页岩层系地化指标

苏北盆地中—新生界陆相地层主要发育上白垩统泰州组二段、古近系阜宁组四段、阜宁组二段3套烃源岩。其中,高邮凹陷主要发育泰二段、阜二段、阜四段3套烃源岩,岩性主要为半深湖—深湖沉积的深灰—灰黑色泥岩、泥灰岩、泥云岩等。金湖凹陷主要发育阜二段上部、阜四段2套烃源岩。溱潼凹陷发育的泰二段下部、阜四段上部、阜二段3套优质烃源岩层,形成于相对咸化的还原环境,有机质来源以低等水生藻类为主。盐城凹陷主要发育阜四段、阜二段2套有利的烃源岩,阜四段为较好烃源岩,普遍未熟;阜二段为主力烃源岩(王永建等,2007;方朝合等,2007,2008;陈安定等,2008;刘平兰,2009a,b;纪亚琴等,2013;昝灵等,2016;申旭,2018;蒋金亮,2019;付焱鑫等,2019;尚瑞,2020)。

1. 泰州组二段烃源岩

此段烃源岩主要为发育于半干旱型亚热带气候条件下,岩性为半咸水—咸水、半深湖—深湖强还原环境沉积的以化学成因为主的灰黑色—黑色泥岩、灰质泥岩、泥灰岩,有机质以藻类为主。泰二段地层厚度80～150m,烃源岩厚度20～30m。在测井曲线上表现为电阻率"六尖峰"段。平面上,泰二段烃源层主要分布在高邮凹陷中东部及白驹凹陷、溱潼凹陷、海安凹陷。金湖凹陷上白垩统泰州组为红色地层,不具备生油气能力。

由141个样品分析可知,烃源岩主要发育在泰二段底部"六尖峰"段,主要岩性为灰质泥岩,灰质含量30%～40%。

高邮凹陷泰二段"六尖峰"段烃源岩主要分布在高邮凹陷东部洼陷区的中间部位,为最大湖泛期沉积的黑色泥岩夹泥灰岩、泥页岩,最大厚度超过100m。65块样品TOC平均1.54%;37块样品氯仿沥青"A"平均0.102 6%;57块样品(S_1+S_2)平均7.62mg/g,主要属于好—极好烃源岩。7块样品R_o为0.53%～1.09%,处于低熟—成熟阶段,其中,南部断阶带成熟度较高、北部斜坡带次之、深洼带成熟度最低。泰二段烃源岩成熟较早,柘垛低凸起在戴南组二段末期进入生油门限,埋深约2050m,生油门限温度约85℃。

海安凹陷泰二段"六尖峰"段烃源岩,290块样品TOC为0.42%～6.8%,平均2.32%;95块样品氯仿沥青"A"为0.003 4%～0.431 6%,平均0.146 1%;278块样品(S_1+S_2)为0.27～46.2mg/g,平均13.52mg/g,主要属于好—极好烃源岩。高邮、海安凹陷泰二段底部"六尖峰"段有机质类型主要为Ⅰ、Ⅱ₁型(图3-42);R_o为0.5%～0.8%,主体处于低熟、少部分处于成熟阶段。高邮凹陷7口井分析表明,泰二段烃源岩在三垛运动时期埋深1600～2200m,R_o达0.6%,进入成熟阶段;三垛运动末期,埋深达到3000m,R_o最大达0.8%左右,进入大量生烃期。

盐城凹陷泰二段非"六尖峰"段烃源岩,92块样品TOC平均0.94%;33块样品氯仿沥青"A"平均0.036 1%;70块样品(S_1+S_2)平均0.576mg/g,主要属于差—非烃源岩;有机质类型主要为Ⅲ型;R_o为1.0%～1.2%,总体处于成熟阶段。

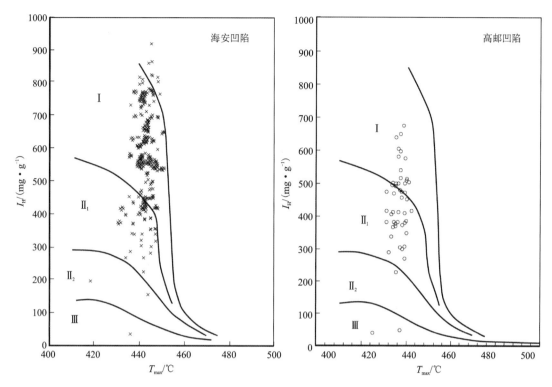

图 3-42 海安、高邮凹陷泰二段"六尖峰"段 I_H-T_{max} 关系图(据刘平兰,2009)

2. 溱潼凹陷泰二段烃源岩

此段烃源岩主要分布在东部深洼区,往西变薄,以灰黑色泥岩为主,暗色泥岩平均厚度 110m 左右。31 块样品 TOC 为 0.53%~1.66%,平均 1.06%;20 块样品(S_1+S_2)为 0.94%~9.98%,平均 4.17%;总体为较好烃源岩。其中,外斜坡泰二段有机质丰度较高,TOC 平均 1.52%、(S_1 + S_2)平均 6.50%。3 块样品分析表明,有机质类型以 I、II_1 型为主。泰州组烃源岩在断阶带、内斜坡带和垒带大部分都已进入了成熟阶段(图 3-43)。

总体来看,苏北盆地泰州组二段烃源层有机质丰度高,干酪根类型为偏腐泥型,处于低熟—成熟演化阶段。

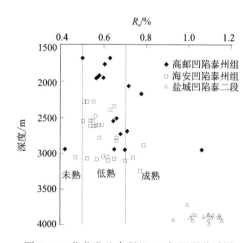

图 3-43 苏北盆地泰州组 R_o 与埋深关系图
(据陈安定等,2008)

南黄海盆地属于苏北盆地往东部海域延伸部分,1986 年某外国公司在北部坳陷北凹钻探的 ZC1-2-1 井在泰州组 3 420.46~3 423.00m 井段,取心获得大量暗色泥岩,肉眼即可观察到暗色泥岩中裂隙原油及强烈的荧光显示,证实了烃源岩的有效性。其中,泰二段 3400~3421m 井段为优质烃源岩层段,以黑色、深灰色含灰泥岩、灰质泥岩、泥页岩与泥灰岩互层为主,主要沉积于"近海湖泊"或"海侵湖泊"的深湖—半深湖咸水缺氧环境,主要分布于边界断层下降盘深洼部位,面积约1200km²。地化分析表明,优质烃源岩段TOC平均0.99%,氯仿沥青"A"平均0.177 7%,(S_1+S_2)平均4.07mg/g,属于较好—好烃源岩。有机质类型以I、II_1型为主,R_o为0.82%~0.93%,处于成熟阶段。湖盆中央R_o为1.0%~1.4%,为成熟阶段;局部地区$R_o>1.4$%,已进入高成熟阶段;有利于油气大量生成。

2. 阜二段烃源岩

阜二段地层在高邮凹陷分布范围比阜四段更为广泛,洼陷区烃源岩厚度中心与阜四段烃源岩基本重合,厚度一般100~300m,南部最厚约350m,北部最厚约250m。南部断阶带遭受了一定程度氧化剥蚀,暗色泥岩较薄。55块样品TOC为0.02%~4.86%,平均1.36%;43块样品氯仿沥青"A"为0.003%~3.726%,平均0.300%;57块样品(S_1+S_2)为0.01%~29.17%,平均6.12%。整体属于好—极好烃源岩。有机质类型为I、II_1型。47块样品R_o为0.45%~0.98%;其中,南部断阶带3块样品R_o为0.48%~0.80%,整体处于低熟阶段;深洼带13块样品R_o为0.45%~0.77%,总体处于低熟阶段;北部斜坡区31块样品R_o为0.50%~0.98%,处于低熟—成熟阶段。局部地层受火成岩烘烤,R_o达到1.6%~3.1%。阜二段烃源岩顶界在戴南组沉积晚期开始成熟,三垛组二段沉积晚期达到生烃高峰,在深凹和内斜坡大面积成熟。其中,深凹带阜二段烃源岩在三垛组一段沉积初期进入生油门限,埋深约2400m,生油门限温度约为96℃;北斜坡在三垛组二段沉积末期进入生油门限,埋深2250~2350m,生油门限温度约96℃(图3-44~图3-47)。

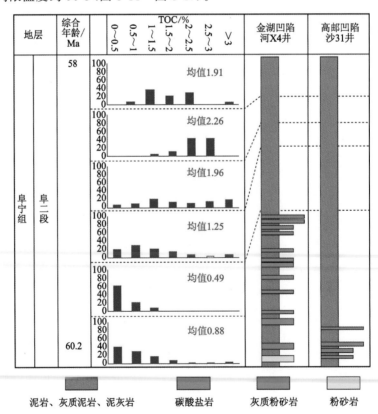

图3-44 金湖、高邮凹陷阜二段地层TOC变化图(据李维,2021)

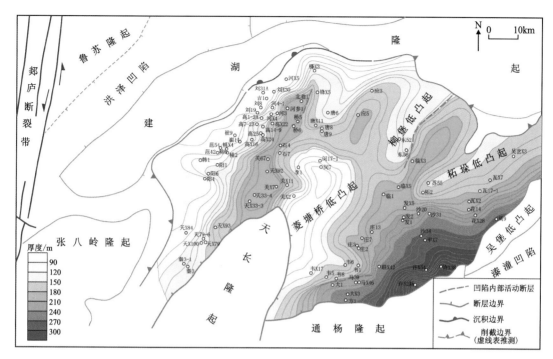

图 3-45　苏北盆地高邮/金湖凹陷阜二段地层厚度等值线图(据李维,2021)

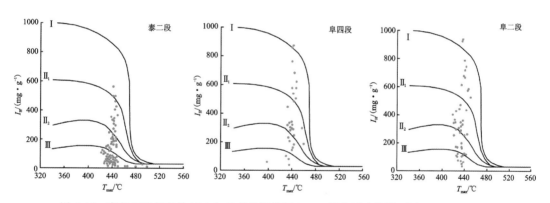

图 3-46　高邮凹陷氢指数(I_H)与最高热解峰温(T_{max})划分干酪根类型图(据蒋金亮,2019)

海安凹陷阜二段烃源岩以灰黑色、黑色泥岩为主,中下部夹泥灰岩、生物碎屑灰岩和油页岩。利用海安凹陷安1井在阜二段的33个烃源岩样品进行分析,TOC为0.35%～8.71%,平均1.72%;生烃潜量(S_1+S_2)为0.14～74.43mg/g,平均9.42mg/g;总体属于好烃源岩。有机质类型主要为Ⅰ、Ⅱ₁型,有机质主要来源于低等水生生物,也包含少量陆源有机质(图3-48)。阜二段烃源岩R_o为0.599%～0.648%,主要处于低成熟阶段。

溱潼凹陷阜二段沉积时期,水体盐度逐渐降低,沉积环境由强还原转变为弱还原,古气候由干旱变为潮湿,阜二段沉积中期半咸水的还原环境最有利于形成优质烃源岩。阜二段烃源岩主要是灰黑色、黑色泥岩,夹薄层泥灰岩、生物碎屑灰岩、油页岩,暗色泥岩厚度大部分地区大于150m,深洼区最大厚度大于400m。172块样品TOC为0.01%～3.31%,平均1.56%;65块样品(S_1+S_2)为0.03%～21.50%,平均6.15%;总体评价为好烃源岩。其中,断垒带阜

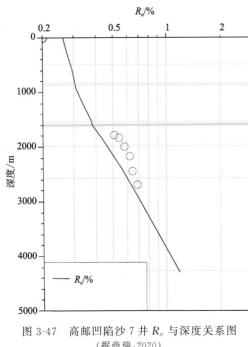

图 3-47　高邮凹陷沙 7 井 R_o 与深度关系图
（据尚瑞，2020）

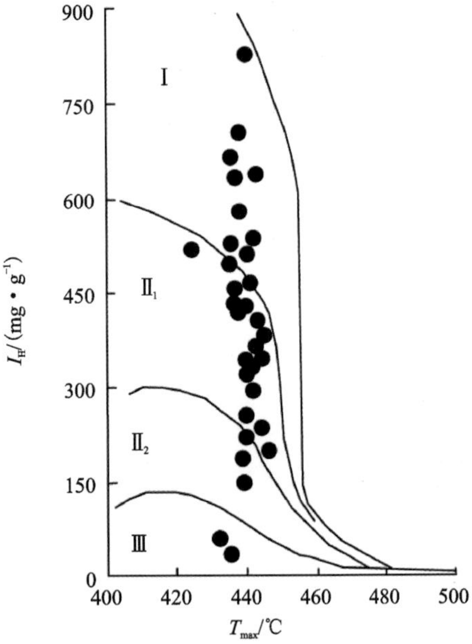

图 3-48　海安凹陷安 1 井阜二段烃源岩 T_{max} 与
I_H 关系图（据申旭，2018）

二段有机质丰度较高，TOC 平均 1.85%，(S_1+S_2) 平均 8.09%。据 13 块样品分析，有机质类型以 I、II_1 型为主（图 3-49）。阜二段烃源岩在断阶带、内斜坡带和垒带部分进入了成熟阶段，成熟范围达到凹陷面积 80% 以上。

总体来看，溱潼凹陷烃源岩埋深小于 1900m 时，R_o 一般小于 0.5%，为未熟阶段；埋深 1900～2750m 时，R_o 为 0.5%～0.7%，为低熟阶段；埋深 3400m 时，R_o 达到 1.0%，为生烃高峰；推测埋深 3800～4000m 时，R_o 达到 1.3%，进入高成熟阶段（图 3-50）。

盐城凹陷阜二段烃源岩以灰黑色泥岩为主，夹薄层泥灰岩、生物灰岩或鲕粒灰岩。以中部的电阻率"王八盖—四尖峰"段烃源岩品质最优，TOC 为 0.35%～4.82%，平均 2.33%；氯仿沥青"A"为 0.06%～0.46%，平均 0.21%；(S_1+S_2) 为 0.39～37.45mg/g，平均 13.16mg/g，有机质类型以 II_1 型为主，部分为 I 型，深凹带可达成熟，综合评价是好—极好的生油岩。利用盐城 1 井 3 个样品分析，阜二段 R_o 为 0.75%～0.92%，总体处于低熟—成熟阶段。因此综合确定盐城凹陷生烃门限深度为 2600m。阜二段烃源岩成熟排烃范围主要分布在南洋、新洋次凹的深凹部位，面积约 300km²。

2. 阜四段烃源岩

高邮凹陷阜四段烃源岩在高邮凹陷内分布广泛，深洼带地层厚度最大，暗色泥岩南部最厚超过 500m，北部最厚超过 200m。在南部断阶带及吴堡低凸起等强烈抬升剥蚀地区出现缺失。252 块样品 TOC 为 0.08%～3.63%，平均 1.17%；71 块样品氯仿沥青"A"为 0.003%～1.042%，平均 0.140%；29 块样品 (S_1+S_2) 为 0.11%～36.76%，平均 5.70%。整体属于好烃源岩，有机质类型为 I、II_1 型。73 块样品 R_o 为 0.39%～1.28%；其中，南部断阶带 7 块样

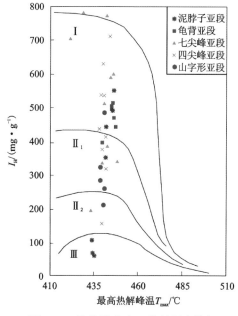

图 3-49　溱潼凹陷阜二段烃源岩热解
参数图版(据昝灵等,2016)

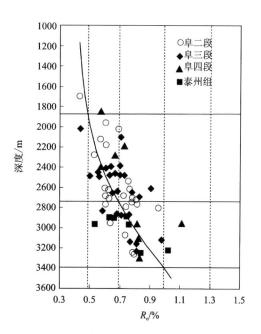

图 3-50　溱潼凹陷烃源岩 R_o 与深度
关系图(据方朝合等,2008)

品 R_o 为 $0.39\%\sim0.62\%$,处于未熟—低熟阶段;深洼带 38 块样品 R_o 为 $0.39\%\sim1.28\%$,少部分未熟,总体进入低熟—成熟阶段,埋深大的部分进入高成熟阶段;北部斜坡区 28 块样品 R_o 为 $0.34\%\sim0.79\%$,处于未熟—低熟阶段。阜四段烃源岩成熟门限深度 2300m,烃源岩顶界在垛一段沉积晚期开始成熟,三垛运动期间进入生烃高峰,大面积成熟,现今仅在深凹带进入高成熟。其中,在柘垛低凸起阜四段烃源岩由于埋藏浅未达到生烃门限;北斜坡内侧仅有底部烃源岩进入生烃门限,埋深约为 2300m,生油门限温度约为 96℃;深凹带在三垛组一段沉积初期进入生烃门限,埋深约 2400m,生油门限温度约 95℃。

溱潼凹陷阜四段烃源岩分布较广,主要是半深湖—深湖相黑色泥岩夹泥灰岩、薄层灰岩,烃源岩厚度 $0\sim500$m,深洼区厚度最大。295 块样品 TOC 为 $0.03\%\sim3.52\%$,平均 1.22%;65 块样品(S_1+S_2)为 $0.05\%\sim25.6\%$,平均 7.71%;总体评价为好烃源岩。其中,断垒带阜四段有机质丰度较高,TOC 平均 1.63%、(S_1+S_2)平均 9.89%。据 9 块样品分析,有机质类型以Ⅰ、Ⅱ$_1$型为主。阜四段烃源岩只在深洼区进入成熟阶段,断阶带和内斜坡处于未熟—低熟阶段。

盐城凹陷阜四段烃源岩主要发育在上部,以大套暗色泥岩为主,夹薄层泥灰岩及油页岩。上部泥灰岩段有机质丰度相对较高,TOC 为 $0.84\%\sim3.55\%$,平均 1.72%;氯仿沥青"A"为 $0.01\%\sim0.14\%$,平均 0.05%;(S_1+S_2)为 $1.85\sim15.98$mg/g,平均 4.9mg/g。有机质类型以Ⅱ$_1$型为主,普遍未熟,综合评价是较好的生油岩(图 3-51)。

综上所述,东部油气区新生代烃源岩往往发育于咸水、半咸水环境中,不同断陷之间的对比关系见图 3-52。

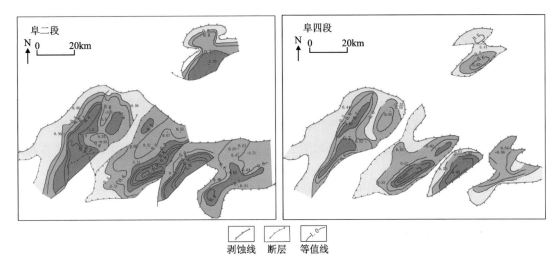

图 3-51　苏北盆地各重点凹陷成熟度 R_o 平面图（据芮晓庆等，2020）

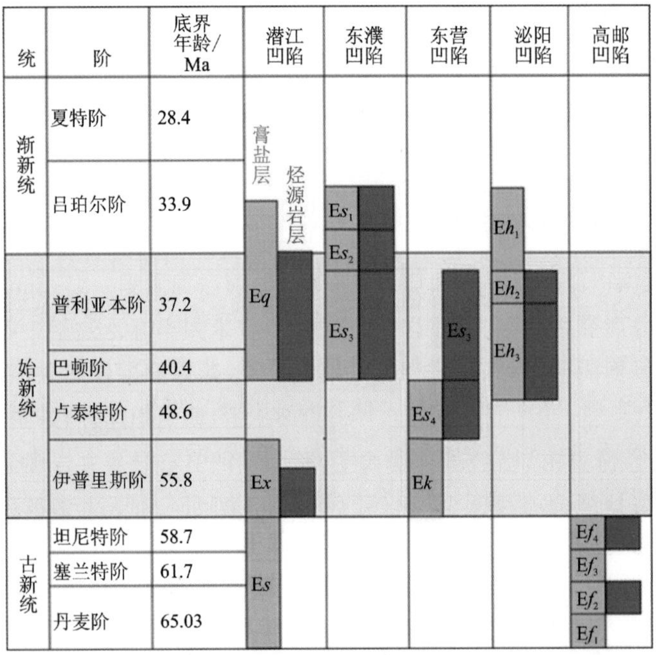

统	阶	底界年龄/Ma	潜江凹陷	东濮凹陷	东营凹陷	泌阳凹陷	高邮凹陷
渐新统	夏特阶	28.4	膏盐层 烃源岩层				
	吕珀尔阶	33.9		Es₁ Es₂		Eh₁	
始新统	普利亚本阶	37.2	Eq	Es₃	Es₃	Eh₂ Eh₃	
	巴顿阶	40.4					
	卢泰特阶	48.6			Es₄		
	伊普里斯阶	55.8	Ex		Ek		
古新统	坦尼特阶	58.7					Ef₄
	塞兰特阶	61.7	Es				Ef₃
	丹麦阶	65.03					Ef₂ Ef₁

图 3-52　中国东部典型断陷盆地新生代膏盐岩与烃源岩层系分布图（据徐崇凯，2018）

第六节　渤海湾盆地页岩油气热演化特征

中国东部陆相断陷盆地的烃源岩随着埋藏深度的增加，基本上经历了未熟、低熟生油、成熟生油、高成熟裂解生油气、过成熟生气等不同的热演化阶段。不同盆地烃源岩有机质成分类型、埋藏深度、古今地温、地层压力的不同，导致了热演化过程及现今热演化程度的不同。

渤海湾盆地古近系主力烃源岩集中在沙四段、沙三段、沙一段。沙四段、沙三段烃源岩存在两个主生烃期,第一期集中于沙河街组沉积末期至东营组沉积中期,与盆地早期成藏相对应。第二期为新近纪中晚期至第四纪,与盆地晚期成藏相对应。沙一段烃源岩存在单一主生烃期,集中于馆陶组末期至第四纪,与盆地晚期成藏相对应。整体上,随着主力烃源岩层系由沙四段—沙三段过渡到沙一段、东营组,主生烃期由两期过渡到一期,且由早期过渡到晚期(图 3-53)。

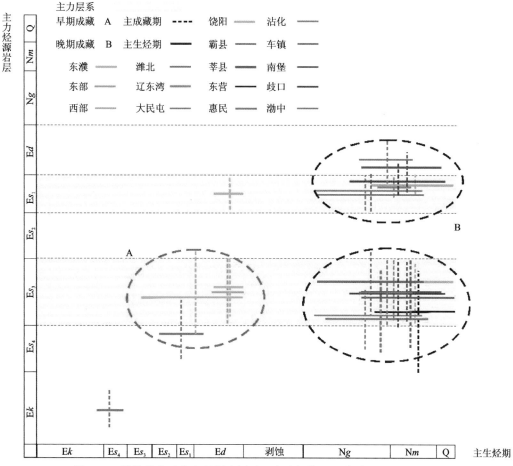

图 3-53　渤海湾盆地主力烃源岩层系—主生烃期匹配关系(据赵鸿皓,2018)

渤海湾盆地新生代断层活动期与烃源岩发育期具有明显的迁移性。总体上,自盆地边缘向盆地中心,断层活动时期由早期至晚期逐渐过渡,烃源岩由深层向浅层过渡,沉积中心由外向盆内迁移。断层在东营组沉积之前的早期活动对油气充注成藏没有意义,而在馆陶组沉积至今的晚期活动对于油气的运聚、成藏具有重要影响。断层晚期活动期与新近系沉积晚期成藏期相匹配(图 3-54)。

渤海湾盆地孔店组—沙四下烃源岩主要分布在黄骅、冀中、济阳及昌潍坳陷深洼区。济阳、黄骅坳陷的孔二段烃源岩,在沙一段沉积末期开始进入生烃门限,济阳坳陷在东营组沉积时期沉降快,并开始大量生油,馆陶组沉积时期开始生成轻质油和天然气,目前处于过成熟大量生气阶段,而黄骅坳陷在馆陶组沉积末期总体进入大量生油的成熟阶段。冀中坳陷孔店

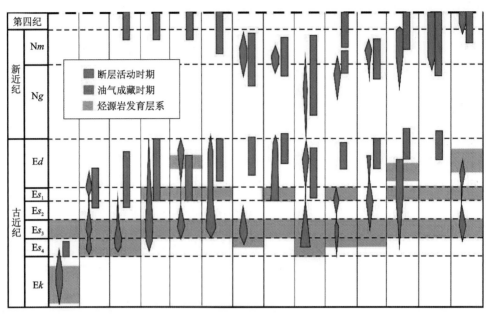

图 3-54　渤海湾盆地断层活动期与油气成藏期对应关系图(据赵鸿皓,2018)

组—沙四段烃源岩以及昌潍坳陷潍北凹陷孔二段烃源岩,在沙三段沉积早期进入生油阶段,在东营组沉积时期进入生烃高峰,现今大部分地区处于高成熟演化阶段。

渤海湾盆地沙四段烃源岩分布广泛,生油能力强,是多个凹陷的主力烃源岩之一。辽河坳陷沙四段烃源岩,在沙三段沉积末期开始进入低成熟阶段,部分深洼区进入成熟阶段开始大量生烃,在东营组沉积末期开始进入成熟阶段,从馆陶组沉积末期至今正处于生烃高峰期。济阳坳陷沙四上以及沙三下烃源岩,在东营组沉积时期开始进入生烃门限,在馆陶组沉积晚期至今开始大量生油并排出,在明化镇组沉积末期至今处于大量生油阶段。

渤海湾盆地沙三段烃源岩厚度大、分布广,是盆地的主力烃源岩层系。在辽河坳陷、冀中坳陷以及东濮凹陷,沙三段烃源岩在沙三段沉积末期开始局部进入低成熟阶段,黄骅坳陷在沙二段、沙一段沉积时期开始进入生烃门限;冀中坳陷、东濮凹陷在沙二段和沙一段沉积时期开始进入成熟期,辽河坳陷、黄骅坳陷在东营组沉积末期进入生烃高峰;从馆陶组沉积末期开始至今大部分地区处于成熟—高成熟阶段,东濮凹陷沙三段烃源岩现今在局部的深洼部位达到过成熟生干气阶段。

渤海湾盆地沙一段烃源岩普遍埋藏不深,不同地区热演化程度差异较大。辽河坳陷沙一段烃源岩,在东营组沉积末期在沉积中心进入生油门限,至今深洼区处于低成熟阶段,部分凹陷未达到生油门限。黄骅坳陷沙一段烃源岩,在东营组沉积末期开始进入生烃门限,馆陶组沉积末期,总体进入大量生油的成熟阶段。冀中坳陷沙一下沉积烃源岩,在馆陶组沉积初期进入生烃门限,明化镇组沉积中期至今均处于成熟生油阶段,由于埋深较浅,多数地区处于未成熟—低成熟生油阶段,部分地区至今未进入生烃门限。济阳坳陷沙一段烃源岩,惠民凹陷阳信洼陷沙一段埋深较浅,仅为生物气源岩;沾化凹陷孤北洼陷、渤南洼陷及车镇凹陷沙一段烃源岩埋深稍大,已进入生烃门限,以生成低熟油为主。孤南洼陷沙一段烃源岩埋深较大,在馆陶组沉积末期进入生排烃期,至今在洼陷中心已进入成熟阶段。

渤海湾盆地东营组烃源岩仅发育在辽河、黄骅坳陷靠近海域的区域。辽河坳陷东营组烃源岩,现今在部分深洼区进入低熟阶段,部分凹陷未达到生油门限。黄骅坳陷东营组烃源岩目前仅处于未成熟—低成熟阶段。

一、辽河坳陷

辽河坳陷烃源岩演化史的恢复采用TTI(时间-温度指数)法热演化模拟,以$R_o=0.5\%$作为有机质成熟生油门限,R_o在$0.5\%\sim0.8\%$之间作为低成熟阶段,R_o在$0.8\%\sim1.3\%$之间作为成熟阶段,$R_o>1.3\%$作为高熟阶段(秦承志等,2002)。

沙四段烃源岩:①在沙三段沉积末期,沙四段烃源岩在西部凹陷的北部台安地区沉积中心、中部盘山地区和南部大清水沟地区沉积中心,以及大民屯凹陷北部静安堡以北沉积中心与南部以荣胜堡为中心的较大范围,开始进入低成熟阶段;在大民屯凹陷南部沉积中心,进入成熟阶段大量生烃。②在东营组沉积末期,沙四段烃源岩在西部凹陷、大民屯凹陷南部沉积中心位置开始进入成熟阶段;大民屯凹陷整体、西部凹陷超过2/3的沙四段烃源岩范围进入了低成熟阶段,开始大范围生烃。③从馆陶组沉积末期至今,西部凹陷沙四段烃源岩、大民屯凹陷沙四段烃源岩约一半范围正处于生烃高峰期。针对西部凹陷双台子地区沙四段烃源岩进行的热演化模拟结果认为,该区沙四段烃源岩共发生两次生烃高峰,第一次是沙三段中沉积晚期—东营组沉积末期(42～28Ma),第二次是馆陶组沉积中期至今(18～0Ma)(徐波等,2010)。

沙三段烃源岩:①沙三段沉积末期开始,沙三段烃源岩在大民屯凹陷南部荣胜堡地区进入低成熟阶段。②到沙一、二段沉积末期,沙三段烃源岩在大民屯凹陷南部沉积中心进入成熟阶段,在大民屯全凹陷、东部凹陷南、北部沉积中心、西部凹陷大清水沟地区沉积中心进入低成熟阶段。③到东营组沉积末期,沙三段烃源岩在东部凹陷南部荣兴屯和北部牛居地区进入成熟阶段,在西部凹陷的北部台安地区和南部地区(约占全段1/3)进入低成熟阶段。④从馆陶组沉积末期开始至今,沙三段烃源岩在东部凹陷北部从青龙台到牛居、南部从高力房至荣兴屯地区、西部凹陷大清水沟沉积中心都已进入成熟阶段,开始大量生烃;其余地区至今大多处于低成熟阶段。

沙一段烃源岩:①东营组沉积末期,沙一段烃源岩在东部凹陷沉积中心、西部凹陷大清水沟以南地区进入生油门限。②至今,东部凹陷南、北两个沉积中心地区处于低成熟阶段;大民屯凹陷$R_o<0.4\%$,未达到生油门限。

东营组烃源岩:至今,东部凹陷沉积中心、西部凹陷大清水沟以南地区的东营组烃源岩进入低熟阶段;大民屯凹陷$R_o<0.4\%$,未达到生油门限。

总体来看,东部凹陷沙三段烃源岩至今整体进入生油门限,是主力烃源岩。西部凹陷大部分地区沙四段烃源岩、较大范围沙三段烃源岩自东营组沉积末期已超过生油门限,是主力烃源岩。大民屯凹陷沙四段烃源岩在东营组沉积末期开始整体生烃,在沉积中心进入高熟阶段;沙三段烃源岩至今整体进入生油门限,均为大民屯凹陷主力烃源岩。沙一、沙二段到东营组沉积早期(36.7～34.3Ma)为大民屯凹陷的主要油气充注期。

二、黄骅坳陷

根据古热流值模拟结果,北大港凸起古生代属于低地温场,印支运动时期古地温梯度仅3.21℃/100m。中新生代属于高地温场,燕山运动时期由于多次岩浆侵入活动,古地温梯度总体较高,达4.3~6.9℃/100m;喜马拉雅运动时期,地温梯度约为3.09℃/100m。

黄骅坳陷孔二段烃源岩在沙一段沉积末期开始进入生油门限;沙一段烃源岩在东营组沉积末期刚开始进入生烃门限,沙三段烃源岩在东营组沉积末期进入生烃高峰;馆陶组沉积末期,孔二段、沙三段、沙一段烃源岩总体进入大量生油的成熟阶段。东营组烃源岩目前处于未成熟—低成熟阶段(张杰等,2005;邓荣敬等,2005;李大伟等,2006;国建英,2009;于超,2015;董清源等,2015)。

盆地模拟表明,沧东凹陷、南皮凹陷孔二段优质烃源岩生烃演化可分为四个阶段。

(1)未成熟生烃阶段:始新世初期孔店组沉积末期,埋深小于1700m,R_o<0.5%,开始形成少量未成熟原油。

(2)低成熟阶段:渐新世中期即沙一段沉积末期,开始进入生油门限,埋深达到1700~2600m,R_o为0.5%~0.65%,烃源岩中可溶有机质含量明显增加,出现第一次生烃高峰,主要生成未熟—低熟油。

(3)成熟阶段:馆陶组沉积末期,开始进入成熟阶段,埋深达到2600~4600m,R_o为0.65%~1.25%,进入大量生油阶段,是孔二段烃源岩的主要生烃阶段,生烃转换率达到50%。

(4)高成熟阶段:仅在沧东凹陷西部深洼区,孔二段埋深大于4600m,R_o>1.3%,其他地区大部分烃源岩尚未进入该阶段。

目前,沧东凹陷、南皮凹陷大部分孔二段烃源岩仍处于浅埋藏阶段,长期生烃,具有明显的早期生烃、晚期成藏的特点(图3-55)。

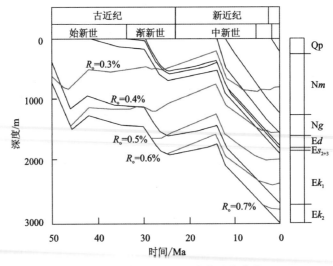

图3-55　沧东凹陷官995井孔二段烃源岩热演化曲线(据董清源等,2015)

板桥凹陷大张坨地区沙三段、沙一段烃源岩，埋深小于2600m，$R_o<0.5\%$，属于未熟—低熟阶段；埋深2600～4000m，R_o为0.5%～1.0%，处于成熟阶段；埋深4000～5000m，R_o为1.0%～1.75%，进入高成熟阶段；埋深大于5000m，$R_o>1.75\%$，进入过成熟阶段(图3-59)。

三、冀中坳陷

冀中坳陷古近系烃源岩有机质成烃演化可分为四个阶段：①未成熟阶段，埋深小于2000m，R_o为0.26%～0.47%，以生物化学作用为主，主要生成生物甲烷气，少数地区生成未熟油。②低成熟阶段：埋深2000～4000m，R_o为0.47%～0.55%，主要生成低熟油气。③成熟阶段：埋深在4000m左右，R_o为0.55%～1.20%，为油气生成的主要阶段。④冀中坳陷沙三段埋深多小于4000m，R_o为1.2%～2.0%，以生成高成熟轻质油与凝析油为主。

廊固凹陷古近系烃源岩生烃成熟演化顺序是先西部、后东部。霸县凹陷沙河街组优质烃源岩$R_o=0.5\%$对应埋深2800m，$R_o=0.75\%$对应埋深3300m，$R_o=1.0\%$对应埋深

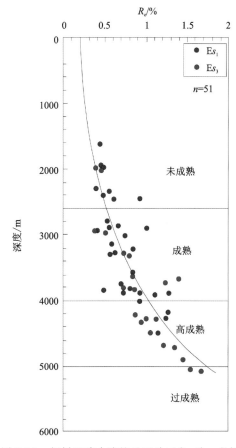

图3-59　板桥凹陷大张坨地区沙三段、沙一段烃源岩R_o随深度变化图(据文剑航，2019)

4600m。饶阳凹陷与此类似，沙三段优质烃源岩$R_o=0.5\%$对应埋深2800m，$R_o=0.75\%$对应埋深3400m，$R_o=1.0\%$对应埋深4200m，$R_o=1.25\%$对应埋深5300m。

冀中坳陷孔店组—沙四段烃源岩于沙三段沉积早期进入生油阶段，在沙三段沉积后期至东营组沉积时期进入生烃高峰。沙三段烃源岩主要排烃和运移期为东营组—馆陶组沉积时期。

1. 孔店组烃源岩

廊固凹陷孔店组烃源岩在沙四段末期，主要在廊坊—牛驼镇以西进入成熟阶段，$R_o>0.55\%$，成熟区约占凹陷的60%；在韩村以西$R_o>1.3\%$的范围约占凹陷的30%；在深洼区$R_o>2\%$，最大达到3.4%。在沙三段沉积末期，$R_o>0.55$的成熟区范围约占凹陷的80%，$R_o>1.3\%$的高成熟区约占凹陷的33%；东营组沉积时期，孔店组高成熟区范围扩大，但尚未进入过成熟；现今，孔店组烃源岩成熟区及以上范围占凹陷的90%左右，高成熟区约占50%，西部和桐南洼槽深洼区已进入过成熟演化阶段。

2. 沙四上烃源岩

廊固凹陷沙四上烃源岩在沙三段沉积末期,在廊坊—中岔口以西进入成熟阶段,桐柏镇东南部洼槽和凤河营—侯尚村构造带局部进入低成熟区。东营组沉积时期,桐南洼槽深洼区沙四上烃源岩进入中等成熟阶段。现今,沙四上烃源岩成熟区占凹陷的80%以上,在中岔口以南和凤河营北部尚未成熟,桐南洼槽和凹陷西南深洼区进入高成熟演化阶段,R_o最大达2%。

3. 沙三下烃源岩

廊固凹陷沙三下烃源岩在沙三段沉积末期,仅凹陷西部进入低成熟,成熟区范围约占25%,R_o最大0.7%;在沙二段和沙一段沉积时期,在桐南洼槽已经成熟,并与西部成熟区连为一体;东营组沉积时期,在桐南洼槽深洼区,沙三下烃源岩进入中等成熟阶段;现今,沙三下烃源岩约60%区域进入成熟阶段,主要分布于柳泉—韩村以北、凤河营以南;桐南洼槽热演化程度较高,R_o最大可达1.4%。束鹿凹陷沙三下泥灰岩烃源岩在馆陶组沉积末期进入成熟门限,$R_o=0.5\%$,对应埋深3300m,生成的烃类已满足有机质的吸附与溶胀作用条件,开始大量生排烃;埋深4000m时,$R_o=0.75\%$,对应主生油窗,达到生烃高峰,产生原油伴生气;埋深超过4200m时,$R_o=0.9\%$,伴生气量明显增加;埋深4500m左右时,$R_o=1.1\%$,进入凝析油气—湿气演化阶段,开始大量排出气态烃;目前整体处于大量生油阶段(图3-60)。

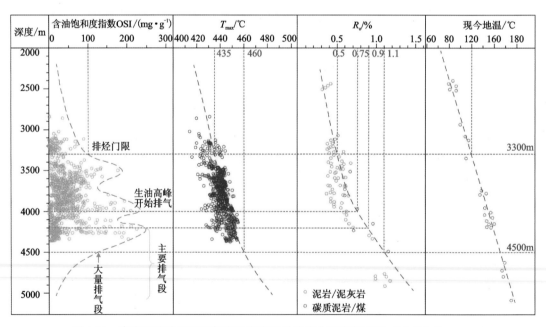

图3-60　束鹿凹陷沙三下泥灰岩纵向有机质热演化程度剖面图(据张锐锋等,2021)

4. 沙三上烃源岩

饶阳凹陷河间—肃宁洼陷的沙三上烃源岩,在东营组沉积末期即进入生烃门限,馆陶组沉积末期进入生烃高峰,现已进入伴生气阶段。杨武寨—武强地区的沙三上烃源岩,由于东营组遭受严重剥蚀,自明化镇组沉积中期至今均处于低熟油阶段。例如,针对饶阳凹陷生油洼陷中心区的沙三上烃源岩进行生烃史模拟,结果表明,宁古3井沙三上烃源岩底界在距今28.1Ma进入低熟油阶段,距今8.6Ma进入成熟油阶段并持续至今;楚21井沙三上烃源岩底界在距今29.8Ma进入低熟油阶段,距今15.9Ma进入成熟油阶段,距今1.9Ma进入成熟油和伴生气阶段并持续至今(图3-61)。

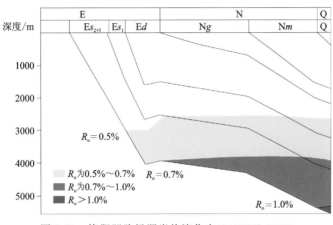

图 3-61　饶阳凹陷烃源岩热演化史(据赵鸿皓,2018)

5. 沙一下烃源岩

饶阳凹陷沙一下烃源岩生烃门限深度同样为2800m,在控凹断层下降盘深洼区如河间—肃宁洼陷,馆陶组沉积初期进入生烃门限,明化镇组沉积中期至今均处于成熟油阶段;由于沙一下烃源岩大部分埋深小于4000m,多数处于未成熟—低成熟油生成阶段,例如,在杨武寨—武强洼槽,由于东营组遭受严重剥蚀,沙一下烃源岩至今未进入生烃门限。针对饶阳凹陷生油洼陷中心区的沙一下烃源岩进行生烃史模拟,结果表明,宁古3井沙一下烃源岩底界在距今21.8Ma左右进入低熟油阶段,距今38.7Ma进入成熟油阶段;楚21井沙一下烃源岩底界在距今27.1Ma进入低熟油阶段,距今5.9Ma进入成熟油阶段。东营组沉积末期的抬升剥蚀作用对饶阳凹陷洼陷中心区的影响较弱,已进入生油门限的烃源岩并未停止生烃,只是延长了低熟油阶段,使烃源岩进入成熟油和成熟油与伴生气阶段相对滞后(图3-62、图3-63)。

四、济阳坳陷

根据济阳坳陷古近系生油岩成熟度标准,R_o为0.3%～0.5%为低熟油阶段,R_o为0.5%～0.9%为成熟油阶段,$R_o>0.9\%$为高成熟油阶段。据此,东营凹陷生烃门限深度为2200m,沾化凹陷为2400m,埕北凹陷为2600m。油页岩排烃门限明显浅于暗色泥岩,其排烃门限为

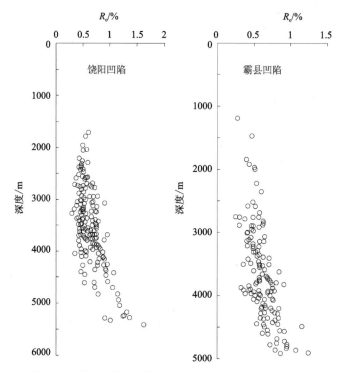

图 3-62　饶阳、霸县凹陷 R_o 随深度变化图（据殷杰，2018）

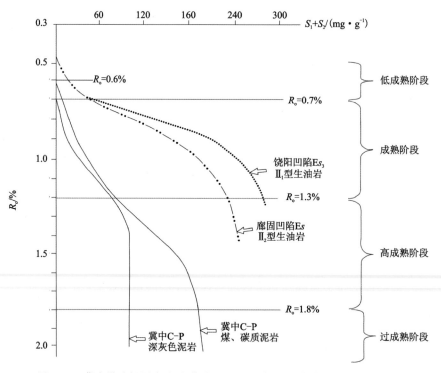

图 3-63　冀中坳陷烃源岩生油潜量（S_1+S_2）随 R_o 的变化图（据贾洺乐，2020）

2200～2300m,而暗色泥岩为2600～2800m,这可能与半咸水湖相的油页岩富含颗石藻、德弗兰藻等早期生烃的藻类有关(赵彦德等,2008;谢向东等,2010;王冰洁等,2012;韩冬梅,2014;张波等,2017;孔祥赫,2019)。

1. 孔二段烃源岩

济阳坳陷孔二段烃源岩埋深2700～5000m,现今已进入成熟—高成熟阶段。

据东营凹陷南斜坡的王46井孔二段烃源岩热演化史分析推测孔二段烃源岩在沙一段沉积末期开始进入生烃门限,$R_o=0.5\%$;馆陶组沉积时期开始大量生烃,$R_o=0.7\%$;目前仍处于生烃高峰(图3-64)。

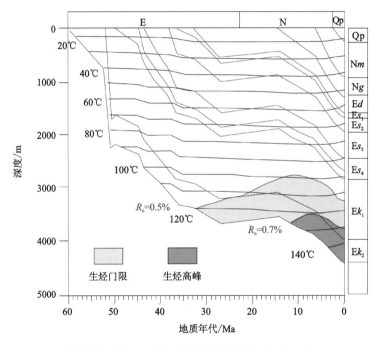

图3-64　牛庄洼陷南坡王46井孔二段烃源岩埋藏生烃曲线(据王圣柱,2006)

惠民凹陷地热梯度为3.20℃/100m。临南洼陷孔店组地层厚度超3000m,古近系最厚7000m;孔二段烃源岩在始新世进入生烃门限,目前已进入生气阶段。阳信洼陷构造沉积活动早期发育、后期衰退,孔店组沉积厚度约5000m,上覆古近系仅厚2000m,孔二段烃源岩在始新世进入生烃门限,目前处于大量生气阶段。滋镇洼陷构造沉积活动早期发育、后期衰退,孔店组地层厚度超3000m,古近系厚达5000m,推断古近纪末期抬升剥蚀约2000m;新近纪整体坳陷,地层厚度约1400m;孔二段在渐新世初期开始成熟大量生烃,新近纪进入主生排烃期,主要生成轻质油和天然气;当前已经进入生气阶段。

沾化凹陷孤北洼陷孔二段烃源岩现今R_o为1.03%～1.37%,已进入生凝析油、湿气阶段。孔二段烃源岩在沙河街组至东营组沉积中期为主要充注成藏期。

2. 沙四下烃源岩

总体来看,济阳坳陷沙四下段烃源岩 R_o 为 $0.50\%\sim2.17\%$,处于成熟—过成熟阶段。根据成熟度与深度的对数关系,深度 4220m 时,$R_o\approx1.3\%$,达到高成熟阶段,开始大量形成天然气。东营凹陷沙四下烃源岩 R_o 为 $1.0\%\sim2.4\%$,处于高成熟—过成熟演化阶段。沾化凹陷渤南洼陷沙四下烃源岩 R_o 为 $0.9\%\sim2.1\%$,处于成熟—过成熟演化阶段。

3. 沙四上烃源岩

东营凹陷民丰洼陷沙四上烃源岩 R_o 为 $0.6\%\sim0.9\%$,进入生油门限。博兴洼陷沙四上、沙三下烃源岩层段现今的成熟度 R_o 为 $0.3\%\sim1.1\%$,主要处于生油阶段,生油门限深度 2000m 左右,埋深 2815m 左右开始大量生油;其中,深洼区成熟度较高,R_o 为 $0.6\%\sim1.1\%$,对应埋深 2350~3920m。博兴洼陷沙三下底界(沙四上顶界)处的烃源岩,共经历 3 个热演化阶段:①东营组三段沉积末期—东营组沉积末期,30~24.6Ma,烃源岩初次生排烃,$R_o=0.5\%$,生烃量相对较小。②馆陶组沉积早期,24.6~16Ma,地层抬升剥蚀结束,受再次沉降埋深作用控制,烃源岩总体 R_o 为 $0.4\%\sim0.6\%$,进入低熟油生成阶段;深洼区 R_o 为 $0.6\%\sim0.8\%$,处于低熟—成熟油生成阶段。③馆陶组沉积晚期至今,16~0Ma,是博兴洼陷最重要的生排烃阶段,特别是馆陶组沉积末期 5Ma 以来,烃源岩层段大量生成原油并排出。在明化镇组沉积末期,距今 2Ma,在深洼区中心沙三下底界(沙四上顶界)烃源岩 $R_o>0.7\%$,进入大量生油阶段。现今,R_o 最大为 1.2%,处于大量生油阶段(图 3-65)。

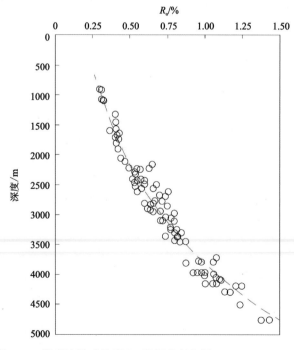

图 3-65　博兴洼陷成熟度 R_o 随深度变化图(据王冰洁等,2012)

惠民凹陷临南洼陷沙四上烃源岩 R_o 多数大于 0.65%，为成熟烃源岩；阳信洼陷沙四上烃源岩 R_o 为 $0.45\%\sim0.65\%$，为成熟烃源岩；滋镇洼陷沙四上烃源岩埋深浅，为未熟—低熟烃源岩。

沙四上咸水环境烃源岩在 2500m 即进入排烃门限，具有早生、早排、生烃周期长的特点；沙三中—下亚段淡水环境烃源岩在 3000m 才进入排烃门限，淡水湖泊环境烃源岩只存在晚期成烃阶段(图 3-66)。

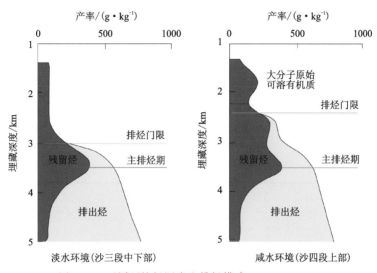

图 3-66　不同环境烃源岩生排烃模式(据张善文，2012)

渤南洼陷沙四上烃源岩，在沙三段沉积末期，距今约 37Ma，埋深达 2000m，地层温度约 90℃，R_o 达到 0.5%，到达生烃门限；沙一段沉积末期—东营组沉积时期，距今约 33Ma，埋深达 2800m，地层温度超过 120℃，R_o 达到 $0.75\%\sim1.0\%$，进入主生烃期；至明化镇组沉积早期，埋深大于 4500m，地层温度大于 180℃，$R_o>1.3\%$，进入高成熟阶段，以生成天然气为主。渤南洼陷沙四上烃源岩现今 R_o 为 $0.49\%\sim2.4\%$，洼陷中心演化程度高，主要生成深层裂解生气(图 3-67)。东营组沉积时期为渤南洼陷沙四上烃源岩主生烃期。

青东凹陷沙四上烃源岩 R_o 为 $0.3\%\sim0.9\%$，生烃门限 $R_o=0.5\%$ 时对应埋深 2250m (图 3-68)，排烃门限大约为 2500m。

沙四上烃源岩成藏可分为两期，第一期成藏发生在东营组沉积期，从东营组沉积初期至中末期；第二期自馆陶组沉积初期开始，车镇、沾化、惠民凹陷于馆陶组沉积末期到明化镇组沉积初期结束成藏，东营凹陷、青东凹陷则延伸至明化镇组沉积末期到第四纪。

4. 沙三下烃源岩

东营凹陷牛庄洼陷沙三下烃源岩埋深大部分在 2800m 以下，R_o 平均 0.67%，处于生油阶段初期。

惠民凹陷临南洼陷沙三下烃源岩现今 R_o 为 $0.5\%\sim1.3\%$，洼陷中心最大可达 1.3%，处于成熟—高成熟阶段，生烃门限约为 2500m，埋深 $3000\sim4200m$ 为生烃高峰段，在东营组沉积末期进入生排烃期($R_o>0.5\%$)，但由于东营运动的抬升剥蚀，生烃量有限，馆陶组—明化镇

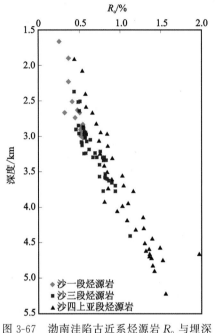

图 3-67 渤南洼陷古近系烃源岩 R_o 与埋深
关系图（据张波等，2017）

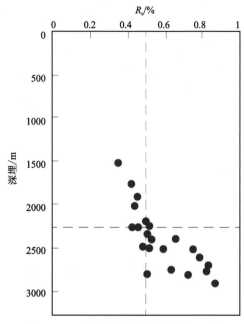

图 3-68 青东凹陷沙四上烃源岩 R_o 与
埋深关系图（据韩冬梅，2014）

组沉积时期为大量生排烃期（R_o 为 0.5%～0.7%）；阳信洼陷沙三下烃源岩埋藏较浅，R_o 为 0.29%～0.48%，处于未成熟—低成熟阶段（图 3-69、图 3-70）。

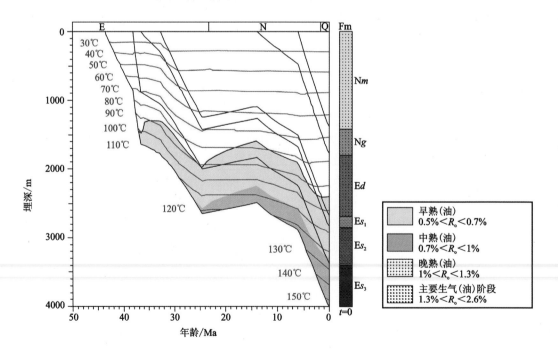

图 2-69 临南洼陷街 202 井埋藏热演化曲线（据孔祥赫，2019）

沾化凹陷渤南洼陷沙三下有效烃源岩,在东营组沉积早中期,距今约26Ma,埋深大于2800m,$R_o>$0.5%,达到生烃门限;馆陶组沉积中晚期,距今约8Ma,埋深大于3200m,$R_o>0.7\%$,进入主生烃期,并延续至今。馆陶组沉积时期为渤南洼陷沙四上和沙三下烃源岩共同生烃期,明化镇组沉积时期至今为渤南洼陷沙三下烃源岩生烃期。孤南洼陷沙三中、下亚段烃源岩,在东二段沉积或东一段沉积末期深洼部位开始大量生烃,馆陶组沉积末期基本全部进入成熟阶段,至今约有2/3的范围进入生油高峰期。其中,孤南洼陷沙三下烃源岩早在明化镇沉积末期即全部进入生排烃门限,沙三中烃源岩在馆陶组沉积末期才绝大部分进入生排烃门限(图3-71)。

车253井埋藏史(图3-72)分析结果表明,车镇凹陷车西洼陷沙三下烃源岩在东营组沉积时期进入生烃门限,开始生成油气,平均埋深2400m;馆陶组早期进入大量生排烃阶段,平均深度2700m;明化镇组时期,平均埋深达到3200m,烃源岩整体进入生排油高峰期。

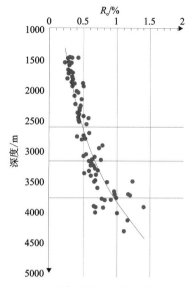

图3-70　临南洼陷沙三段烃源岩 R_o 与深度关系图(据孔祥赫,2019)

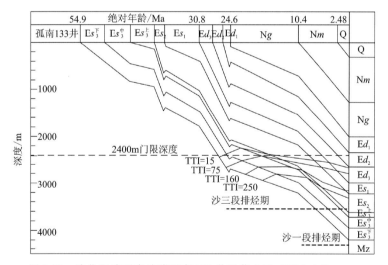

图3-71　沾化凹陷孤南洼陷孤南133井埋藏史图(据谢向东等,2010)

沙三段烃源岩成藏可分为两期,少数凹陷逐渐转变为一期成藏。第一期油气充注发生于东营组中期至末期,第二期油气充注发生于馆陶组中期至第四纪(图2-73)。

5. 沙一段烃源岩

惠民凹陷阳信洼陷沙一段埋深仅1500m左右,R_o为0.26%~0.33%,为较好的生物气源岩。沾化凹陷孤北洼陷沙一段烃源岩埋藏在3000m左右,成熟度较低。渤南洼陷沙一段烃源岩,在明化镇组沉积中期,距今约3Ma,埋深大于2800m,R_o达到0.5%,进入生烃门限,但至

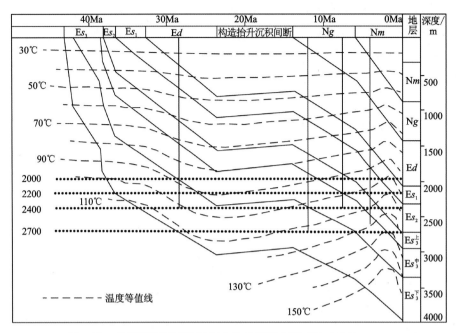

图 3-72　车镇凹陷车西洼陷车 253 井埋藏史图(据赵彦德等,2008)

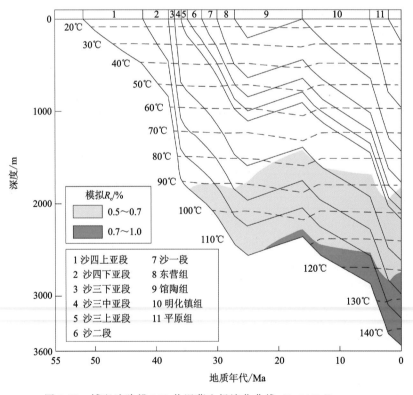

图 3-73　博兴洼陷樊 131 井埋藏生烃演化曲线(据王冰洁等,2012)

今仍未进入主生烃期;现今 R_o 为 0.3%～0.55%,以生成低熟油为主。孤南洼陷沙一段烃源岩,在馆陶组沉积末期进入生排烃期,至今在洼陷中心已进入成熟阶段。车镇凹陷沙一段烃源岩在馆陶组、明化镇组沉积时期洼陷中心局部范围内进入低熟阶段,当前多数埋深小于 2600m,R_o 一般小于 0.5%,总体处于未熟—低熟油阶段。

沙三段、沙一段烃源岩在东营组沉积时期进入生烃门限,至东营组沉积末期为有效充注成藏期。东营组沉积末期构造抬升影响热演化停滞。馆陶组沉积末期开始二次生烃,于明化镇组沉积时期大规模生烃,明化镇组沉积时期至第四纪为主力成藏期。沙三段至沙一段沉积时期,烃源岩充注期次由两期过渡到两期为主、单期为辅,再过渡到单期成藏。

五、昌潍坳陷

央 5 井位于潍北凹陷北部洼陷中心一带,烃源岩层段孔二段地层厚度 1142m,顶界埋深 3126m。该井孔二段顶界在孔一段沉积末期的古埋深为 1745m,在沙三段沉积初期孔二段顶界就进入生烃门限,在东营组沉积末期和第四纪处于成熟阶段。央 5 井孔二段底界在孔一段沉积末期古埋深为 2600～3400m,进入生烃门限;在沙四段、沙三段沉积期间分别达到低成熟和成熟阶段,在东营组沉积期间到第四纪处于高成熟阶段早期(图 3-74)。可以说,潍北凹陷孔二段烃源岩生排烃高峰期主要在沙河街组沉积中后期。尽管东营组沉积末期孔二段经历了区域性抬升剥蚀作用,但孔二段大部分烃源岩仍然处于高成熟早期,在馆陶组、明化镇组及第四系地层沉积作用下,孔二段底部烃源岩当前仍处于高成熟早期轻质油、凝析油气生成和排烃阶段(图 3-75)。

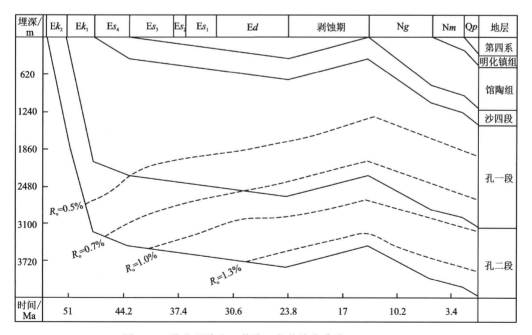

图 3-74　潍北凹陷央 5 井孔二段热演化曲线(据汪巍,2006)

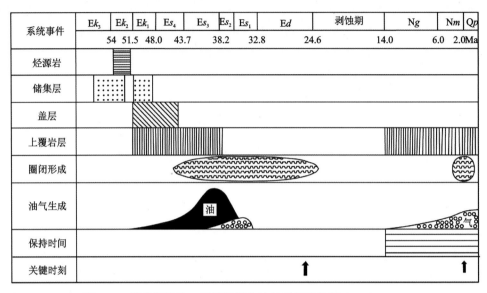

图 3-75　潍北凹陷孔二段烃源岩含油气系统事件图(据汪巍,2006)

潍北凹陷北部洼陷带表现为单期成藏,孔二段烃源岩生排烃开始于孔店组沉积末期,持续至沙四段沉积末期,距今 52～36Ma。中部瓦城断阶带及灶状户鼻带开始于沙四段沉积初期,持续至中期,距今 47.5～37.3Ma。南部斜坡带开始于沙四段沉积中期,持续至沉积末期,距今 45.5～36.3Ma。成藏时期自生烃中心洼陷带向中部断阶带及南部斜坡带逐渐延迟(赵鸿皓,2018)。

六、东濮凹陷

东濮凹陷古近系烃源岩生烃演化大致可划分为 5 个阶段(李红磊等,2020)。

生化油气阶段:沙三段沉积末期,地层埋藏深度小于 1900m,$R_o < 0.35\%$,沙三段烃源岩中的蓝藻、颗石藻等有机质成分在厌氧细菌作用下生成甲烷、二氧化碳,同时发生生物大分子聚合作用,形成大量的沥青质。

沥青质生油阶段:沙二、沙一段沉积时期,沙三段烃源岩埋深达到 1900～2700m,R_o 为 0.50%～0.70%,蓝藻和颗石藻在早期生化油气阶段形成的沥青质开始大量生成液态烃,形成东濮凹陷第 1 个生油高峰,热解产物中含有较多生物直接来源的标志物,如来源于蓝藻的藿烯类化合物。

大分子聚合物生油阶段:东营组时期,沙三段烃源岩埋深达到 2700～4300m,R_o 为 0.70%～1.30%,这是干酪根生油的主要时期,有机质来源以蓝藻、沟鞭藻、绿藻为主,是东濮凹陷第 2 个生油高峰,也是液态烃产率最高的时期。东营组沉积末期的地层抬升剥蚀,延缓了烃源岩的热演化进程。直到馆陶组沉积时期,过补偿沉积使得烃源岩埋深再次达到之前的热演化程度。

原油裂解生气阶段:明化镇组沉积末期,沙三段烃源岩埋深超过 4300m,R_o 为 1.30%～2.25%,进入二次生烃阶段,主要为早期生成的原油裂解生气,一部分原油裂解成小分子的气态烃,另一部分通过芳构化反应稠合至固体干酪根中。

干酪根热解生气阶段:现今在局部深洼部位,R_o>2.25%,干酪根及前期液态烃芳构化产物进一步热解达到生干气阶段(图 3-76、图 3-77)。

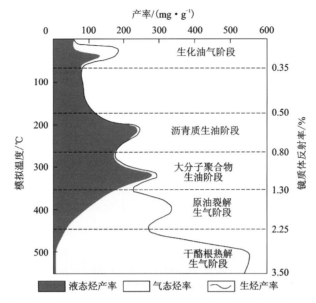

图 3-76 东濮凹陷优质烃源岩生烃演化模式(据李红磊等,2020)

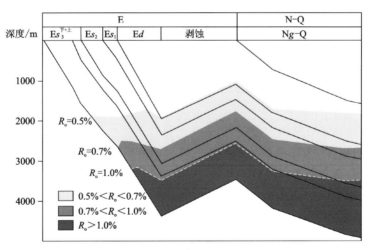

图 3-77 东濮凹陷烃源岩热演化史(据赵鸿皓,2018)

东濮凹陷北部咸水环境,受颗石藻、蓝藻和沟鞭藻等多种藻类的贡献,地层水矿化度高,生烃热演化过程最为典型,涵盖了上述全部 5 个生烃阶段,生烃时间早,生烃周期长,液态烃产率高,是东濮凹陷最为有利的烃源岩区。南部淡水环境主要受绿藻和高等植物的贡献,发育 3 个生烃阶段,成熟阶段生油,高成熟、过成熟阶段生气,液态烃产率较低,后期气态烃产率较高。半咸水环境发育 3 个生烃阶段,生烃时间、液态烃产率介于咸水环境和淡水环境之间。

东濮凹陷为古近纪末期大规模成藏的代表。西部斜坡带单期成藏,成藏期集中于东营组末期,距今 29～24.3Ma。东部洼陷带及西部洼陷带存在两期油气充注,且以早期为主:第一期集中在东营组沉积早中期,距今 30.5～27Ma,第二期集中在明化镇组沉积末期至今,距今 5.5Ma。中央隆起带以单期早期成藏为主,局部存在两期充注,成藏期集中在东营组沉积中期,距今 29.2～24.9Ma。第一期成藏分布广泛,在全凹陷均有分布,第二期成藏则主要分布在生烃洼陷及其附近。成藏时期自洼陷带到中央隆起带再到西部斜坡带逐渐延迟(赵鸿皓,2018)。

第七节 南襄盆地页岩油气热演化特征

南襄盆地古近纪和新近纪构造沉积活动可以划分为 4 个阶段,相应地,古近系 3 套烃源岩也经历了 4 个沉积埋藏热演化阶段(吕明久,2012;李志明等,2013;陈建平等,2014;张鑫,2020)

第一阶段:稳定断陷阶段,玉皇顶组—大仓房组沉积时期,45～37.5Ma。玉皇顶组沉积时期,各凹陷地层沉积厚度基本相似。大仓房组沉积时期,盆地构造活动西弱东强,襄樊-广济断裂伸展活动减弱,襄阳、枣阳凹陷沉积局限;南阳凹陷活动变强,泌阳凹陷最强。大仓房组底部沉降埋深达 3000～3200m,埋藏速率达 335～400m/Ma。

第二阶段:强烈断陷阶段,核三段、核二段沉积时期,37.5～20.03Ma。核桃园组沉积时期,盆地南北差异沉降幅度扩大,襄阳凹陷沉积局限,泌阳、南阳凹陷急剧沉降。埋藏速率降低为 60～65m/Ma,沉降埋深增加 600～800m。核二段底部埋深 1800～2200m。

第三阶段:隆升剥蚀断陷萎缩至消亡阶段,23.03～11.0Ma,核一段—廖庄组沉积时期,地层经历了较长期的缓慢小幅抬升,抬升幅度 200～300m。廖庄组沉积末期,隆升幅度邓州凹陷最大,襄阳、枣阳凹陷次之,泌阳凹陷最小,盆地沉降中心仍处于中东部的泌阳凹陷,但湖盆急剧缩小。

第四阶段:凹陷缓慢沉降阶段,从 10.5Ma 至今,新近纪上寺组沉积时期,地层再次缓慢沉降埋藏直到目前为止,埋藏深度基本小于 200m,埋藏速率小于 20m/Ma,地层厚度不超过500m。沉降沉积中心又向西迁移至邓州凹陷。

由于泌阳凹陷边界断裂较南阳凹陷边界断裂倾角陡且切割深度大,沟通热源且有利于热流上涌,地温梯度略大于南阳凹陷,烃源岩成熟时间早于南阳凹陷,现今热演化程度更高。泌阳凹陷地温梯度 3.2～4.8℃/100m,平均 4.1℃/100m。南阳凹陷地温梯度 3.6～4.3℃/100m,平均 3.9℃/100m。

根据泌阳凹陷泌 334 井、泌 215 井、泌 143 井、泌 296 井核桃园组古地温梯度分别为4.5℃/100m、3.95℃/100m、4.0℃/100m、3.6℃/100m 推断,泌阳凹陷成烃门限深度为 1400～1800m。

泌阳凹陷深洼区大仓房组烃源岩热演化阶段:①低熟阶段,39Ma 进入生烃门限,R_o 为0.5%～0.7%,成熟门限温度约 102℃,对应深度约 1950m。②中成熟阶段,37.2Ma,R_o 为0.7%～1.0%,地层温度约 130℃,对应深度约 2800m。③高成熟阶段,33.5Ma,R_o 为1.0%～1.3%,地层温度约 152℃,对应深度约 3400m。④过成熟阶段,16Ma,R_o 为 1.3%～2.0%,地层温度约 155℃,对应深度约 3600m。

泌阳凹陷深洼区核三段烃源岩热演化阶段:①低熟阶段,38Ma 进入生烃门限,R_o 为

0.5%～0.7%,门限温度约 100℃,对应深度约 1900m。②中成熟阶段,36Ma,R_o 为 0.7%～1.0%,地层温度约 128℃,对应深度约 2650m。③高成熟阶段,29.5Ma,R_o 为 1.0%～1.3%,地层温度约 148℃,对应深度约 3300m。其中,核三下段烃源岩在 36Ma 时全部进入生油窗,核一段沉积末期(29Ma)进入生油高峰阶段;核三上段烃源岩在核二段沉积开始时即进入生油门限,廖庄组沉积末期进入生油高峰阶段。深洼带泌页 1 井核三段烃源岩在大约 37Ma 进入生烃门限,在 32Ma 进入中成熟阶段,在 23.03Ma 达到生烃高峰。

　　泌阳凹陷深洼区核二段烃源岩在 25Ma 左右才进入生烃门限,R_o 为 0.5%～0.7%,地层温度约 100℃,对应深度约 1900m,随后在低成熟阶段持续至今。

　　现今,泌阳凹陷大仓房组地层温度 140～150℃,深洼区烃源岩已进入过成熟生气阶段。核三段底部地层温度 115～145℃,顶部地层温度 80～90℃,深洼区和陡坡区核三段整体进入生烃门限,核三上段烃源岩处于低—中成熟阶段,核三下段烃源岩处于中—高成熟阶段;仅在西部和北部斜坡带表现为低成熟特征。核二段地层温度在 85℃左右,深洼区核二段下部烃源岩已进入生烃门限,生成低熟油(图 3-78)。

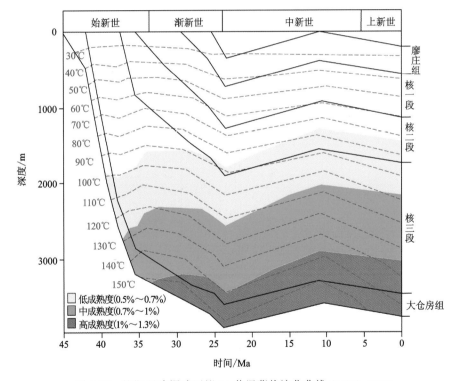

图 3-78　泌阳凹陷深洼区泌 94 井埋藏热演化曲线(据张鑫,2020)

　　南阳凹陷牛三门次洼核三段烃源岩在 30Ma 进入生油门限,核二段烃源岩在 27Ma 进入生油门限;东庄次洼核三段烃源岩在 27Ma 进入生油门限,核二段烃源岩在 20Ma 进入生油门限。①核三段 2 砂组烃源岩:埋深大,大部分地区进入生烃门限,尤其是西部地区,R_o 为 0.5%～1.0%,焦店地区烃源岩已进入生烃期。东部南 46 井以南也进入了成熟区,南 27 井附近 R_o 值最高达到 1.4%,进入高成熟阶段。②核三段 1 砂组烃源岩:生烃范围较大,东、西部差异也较大,西部包括焦店地区R_o为0.5%~0.9%,已全部进入生烃期。东部牛三门及魏岗地区有效烃源岩范围进一步减少,最北部分布于魏42井—南51井一线以南地区。③核二段3砂组烃源岩:$R_o<1\%$,有效烃源岩范围进一步缩小。其中,西部地区有效烃源岩区范围变化不大。东部牛三门洼陷进一步缩小到南79井附近。魏岗构造上只有鼻状构造南部地区进入了生油门限,分布于魏21井以南,构造顶部大部分地区没有生烃。④核二段2砂组烃源岩:R_o较低,东部最大可达0.9%,西部最大可达0.7%。有效烃源岩范围较核三段有明显的减小,但焦店大部分地区烃源岩已进入生烃期。⑤核二段1砂组:有效烃源岩范围较小,R_o为0.5%~0.7%,主要分布于边界断层深洼区。

第八节　江汉盆地页岩油气热演化特征

潜江凹陷潜江组烃源岩随着埋深加大,R_o呈对数线性增加。埋深达到2200m时,烃源岩进入低成熟,$R_o=0.55\%$;埋深2800m,进入中成熟,$R_o=0.7\%$;埋深3600m,进入成熟阶段,开始大量生烃,$R_o=1.0\%$;埋深4300m,进入高成熟阶段,$R_o=1.3\%$;埋深5200m,进入过成熟阶段,$R_o=2.0\%$。

潜江凹陷潜一段烃源岩现今大多未达到成熟生烃门限,主要处于未成熟阶段。潜二段、潜三上亚段烃源岩处于低成熟阶段。潜三下亚段烃源岩处于低成熟—中成熟阶段。潜四上、潜四下亚段烃源岩主要处于中成熟—高成熟演化阶段(图3-79)。

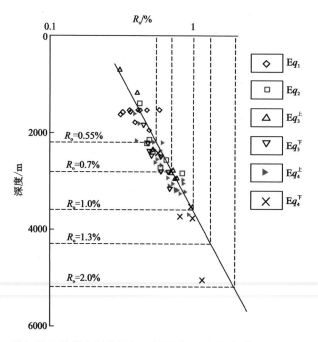

图3-79　潜江凹陷蚌湖向斜带潜江组烃源岩R_o与深度关系图(据王柯等,2011)

江陵凹陷新沟嘴组下段烃源岩热演化过程可划分为4个阶段(卢明国,2007)。

荆沙组沉积末期:新沟嘴组下段上覆地层厚度1000~2400m,江陵凹陷烃源岩埋深普遍大于

2000m,有机质演化已接近或达到低熟—成熟阶段。各向斜构造内新沟嘴组下段已进入成熟阶段,R_o为0.7%~1.0%。各正向构造带及南北斜坡带尚处于未熟或低熟阶段,R_o为0.3%~0.7%。

潜江组沉积末期:绝大部分烃源岩埋深超过2000m,是江陵凹陷液态烃生成的主要时期。新沟嘴组下段烃源岩普遍进入成熟—高成熟演化阶段,R_o为0.7%~1.4%,其中处于高成熟阶段的地区主要有梅槐桥、虎渡河、资福寺及裁缝店地区。

荆河镇组沉积末期:江陵凹陷新沟嘴组下段烃源岩达到最大埋深,前期已处于高成熟阶段的向斜区局部开始进入过成熟阶段。随后凹陷整体抬升剥蚀,剥蚀量一般500~900m,最大达1000m以上,烃源岩热演化进程减缓。

新近纪—第四纪:经过剥蚀后的再沉降,江陵凹陷绝大部分地区新沟嘴组下段均未达到古近纪末期剥蚀前的最大埋深,因此,该阶段对烃源岩演化的影响程度较小。但这一阶段地史时间较长,达到24.6Ma,对有机质演化起到了一定的补偿作用,新沟嘴组下段烃源岩处于成熟—高成熟阶段,R_o为0.7%~1.6%。平面上,荆州背斜带和万城断裂构造带主体、凹陷南北两侧的公安单斜带和拾桥单斜带R_o为0.75%~1.0%,资福寺向斜带及裁缝店向斜区内R_o>1.25%。

江陵凹陷资福寺洼陷区虎2井沙市组烃源岩在荆沙组沉积末期(46.55Ma),进入低熟—成熟阶段,R_o为0.65%~1.00%;潜江组沉积中期(36.81Ma)达到生烃高峰,之后一直处于高成熟阶段,现今R_o最大达1.25%。虎2井新沟嘴组下段烃源岩在潜江组沉积初期(45Ma)进入低熟—成熟阶段;荆河镇组沉积中期(29.32Ma)进入高成熟阶段,现今R_o=1.06%(图3-80)。

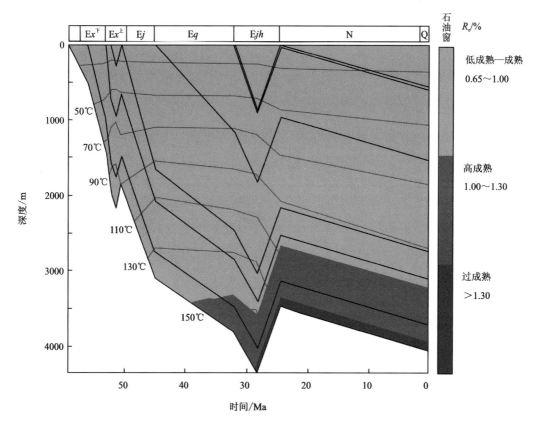

图3-80 江陵凹陷资福寺洼陷虎2井烃源岩生烃演化曲线(修改自蒋伟,2012)

第九节　苏北盆地页岩油气热演化特征

　　苏北盆地高邮凹陷泰(泰州组)二段烃源岩,在戴南组二段沉积末期进入了生烃门限,三垛组一段沉积末期开始进入成熟演化阶段,三垛组沉积末期泰二段普遍进入成熟—过成熟演化阶段,是高邮凹陷泰二段烃源岩生排烃的主要时期。盐城组沉积至今仍处于成熟—高成熟阶段。高邮凹陷阜(阜宁组)二段烃源岩,在戴南组二段沉积末期进入生烃门限,三垛组一段沉积末期深凹区进入中成熟阶段,三垛组沉积末期大范围达到了高成熟阶段,盐城组至今仍处于成熟—高成熟阶段。高邮凹陷阜四段烃源岩,在戴南组二段沉积末期深凹带进入了生烃门限,在三垛组一段沉积末期深凹区进入中成熟阶段,三垛组沉积末期深凹区达到了高成熟阶段,盐城组至今深凹区局部进入了高成熟阶段。溱潼凹陷阜二段泥页岩在三垛组一段沉积时期进入低成熟阶段,垛二段沉积初期进入成熟阶段,当前仍处于油气大量生成与排出阶段。

　　高邮凹陷泰二段、阜二段、阜四段3套烃源岩热演化史存在差异。总体来看,三垛组二段是最主要的生烃期,到抬升剥蚀(37Ma)之前,斜坡带成熟度达到最高。高邮凹陷烃源岩热演化过程主要受三垛组沉积时期的古地温场控制。深洼带的邵伯次凹、樊川次凹、刘五舍次凹在新近纪沉积了较厚的盐城组地层,引发了微弱的二次增烃。目前阜二段烃源岩已经达到大量成熟生油与排油阶段,而阜四段烃源岩仅在深洼区生油与排油,泰二段烃源岩主要发育于高邮凹陷东部。

　　高邮凹陷自晚白垩世以来古地温梯度逐渐增大,在三垛组沉积末期达到顶峰。平均地温梯度:阜宁组沉积时期为3.15~3.27℃/100m,戴南组沉积时期为3.20~3.38℃/100m,三垛组沉积末期为3.55~3.91℃/100m。三垛组沉积之后的构造抬升剥蚀期(37~23.9Ma),地温梯度明显下降,平均2.90~3.25℃/100m。盐城组沉积阶段,地温梯度略有增大。高邮凹陷现今地温梯度2.96~3.34℃/100m,平均3.2℃/100m。不同构造单元之间地温梯度从小到大依次为深凹带、南断阶、吴堡低凸起西、北斜坡,具有"坡高凹低"的特征。

　　热演化模拟表明,高邮凹陷泰二段烃源岩生油门限温度约为85℃,成熟较早,三垛组沉积初期进入生烃门限;拓垛低凸起在戴二段沉积时期进入生烃门限,埋深约2050m。阜二段烃源岩生油门限温度约96℃,深凹带在三垛组一段沉积初期进入生油门限,埋深约2400m;而北部斜坡带则在三垛组二段沉积末期才进入生油门限,埋深2250~2350m。阜四段烃源岩生油门限温度约96℃,受埋藏深度影响,拓垛低凸起未达到生烃门限,北斜坡内侧仅有底部烃源岩达到生烃门限,埋深约2300m;深凹带在三垛组一段沉积初期进入生烃门限,埋深约2400m(蒋金亮,2019)。

　　高邮凹陷阜四段烃源岩热演化过程可分为4个阶段。

　　戴南组二段沉积末期:深凹带的邵伯次凹、樊川次凹、刘五舍次凹进入了生烃门限。

　　三垛组一段沉积末期:次凹深部进入中成熟阶段,R_o为0.7%~1.0%;斜坡内侧进入生烃门限的范围延伸至陈1—沙2—甲1—联X30井一线。

　　三垛组沉积末期:构造抬升剥蚀之前,深凹带的樊川次凹和刘五舍次凹均达到了高成熟阶段,R_o为1.0%~1.3%,刘陆次凹迅速进入生烃门限并演化至中成熟阶段。吴堡低凸起埋深较大的区域也进入了生烃门限,但演化程度不高。

盐城组沉积至今:盆地缓慢增温,其中深凹带温度增加幅度明显大于斜坡带和断阶带。R_o为0.4%～1.3%。刘五舍次凹是阜四段烃源岩热演化程度最高的区域,次凹中心局部进入了高成熟阶段,R_o最大1.3%。邵伯次凹和樊川次凹处于高成熟阶段,次凹中心R_o最大1.2%。刘陆次凹R_o最大0.8%,区域内大部分进入成熟阶段,但总体演化程度不高(图3-81)。

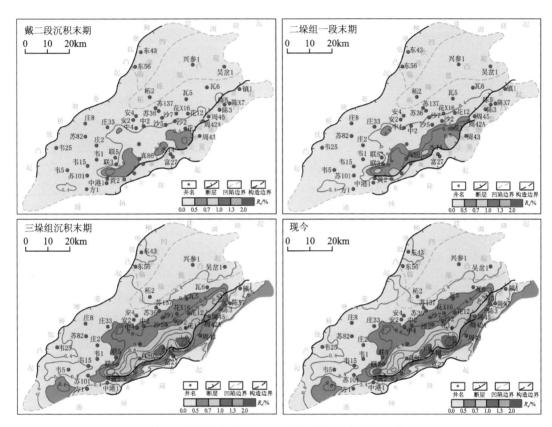

图3-81 高邮凹陷阜四段烃源岩成熟度演化史(据蒋金亮,2019)

高邮凹陷阜二段烃源岩热演化过程可分为4个阶段。

戴南组二段沉积末期:深凹带、刘陆次凹以及北部斜坡带鞍槽部分区域进入了生烃门限,整体成熟度较低,仅邵伯次凹、樊川次凹、刘五舍次凹中心深部区域成熟度较高。

三垛组一段沉积末期:除临泽次凹、吴堡低凸起、秦栏区块等较浅区域未达到生烃门限外,大部分区域进入生烃门限。深凹带及刘陆次凹连片区域进入中成熟阶段,R_o为0.7%～1.0%。其中刘五舍次凹中心深部进入了高成熟阶段,R_o为1.0%～1.3%。

三垛组沉积末期:构造抬升剥蚀之前,深凹带樊川次凹、刘五舍次凹及刘陆次凹均大范围达到了高成熟阶段,R_o为1.0%～1.3%。秦栏区块埋深较大的局部区域达到中成熟阶段,R_o为0.7%～1.0%。临泽次凹东43井区块局部烃源岩进入了生烃门限,但演化程度不高。

盐城组沉积至今:盆地缓慢增温,但增加幅度微弱。现今阜二段烃源岩R_o为0.4%～1.5%,最大值分布在刘五舍次凹,次凹中心处于过成熟阶段,$R_o>1.3\%$,最大达到1.5%。邵伯次凹和樊川次凹大部分区域处于高成熟阶段,R_o为1.0%～1.3%,次凹中心R_o最大达

1.2%。刘陆次凹 R_o 最大达1.0%，区域内有机质大部分都已进入成熟阶段，成熟范围明显大于阜四段(图3-82)。

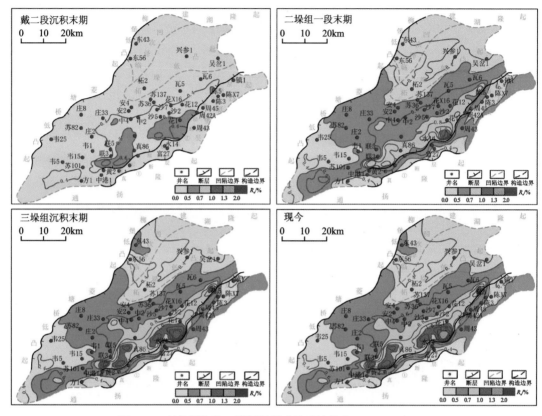

图3-82　高邮凹陷阜二段烃源岩成熟度演化史(据蒋金亮,2019)

高邮凹陷泰二段烃源岩主要发育于高邮凹陷东部，主要集中在临泽次凹、北斜坡东部以及吴堡断裂带下降盘，沉积沉降中心位于刘陆次凹附近。热演化史可分为4个阶段。

戴南组二段沉积末期:吴岔1井—单1井—苏143井及真②断层、吴堡大断层所形成的连片区域进入了生烃门限，沿着斜坡至刘陆次凹，烃源岩演化程度逐渐变高，刘陆次凹中心深部区域演化程度进入高成熟阶段，R_o 为1.0%～1.3%。

三垛组一段沉积末期:凹陷内斜坡带大部分区域进入生烃门限，拓垛低凸起和临泽次凹由于埋深较浅，仅有靠近斜坡带小部分区块进入生烃门限。吴岔1井—单1井—苏143井内侧区域进入中成熟演化阶段，R_o 为0.7%～1.0%;刘陆次凹及吴堡大断层下降盘等区域进入高成熟阶段，R_o 为1.0%～1.3%。

三垛组沉积末期:构造抬升剥蚀之前，斜坡带整体处于中成熟演化阶段，R_o 为0.7%～1.0%。三垛组沉积时期是高邮凹陷泰二段烃源岩生排烃的主要时期。刘陆次凹及吴堡大断层下降盘深部区域进入过成熟演化阶段，R_o 为1.3%。

盐城组沉积至今:盆地缓慢增温。三垛运动造成地层抬升剥蚀，剥蚀厚度达1200～1600m，后期的盐城组沉积埋藏深度未超过剥蚀前的最大埋深，再沉积过程中地层温度并未达到三垛末期温度，凹陷泰二段烃源岩在沉积过程中不存在二次增烃作用，即在二垛组沉积末期时泰二段烃源岩达到了最高演化程度(图 3-83)。现今地层温度大多在 80～110℃ 之间。

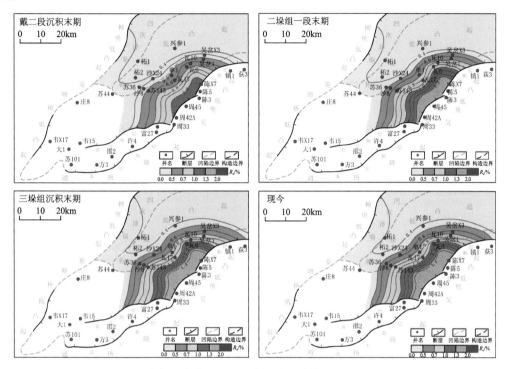

图 3-83　高邮凹陷泰二段烃源岩成熟度演化史(据蒋金亮,2019)

溱潼凹陷阜二段泥页岩在三垛组一段沉积时期进入低成熟阶段,开始生烃;在垛二段沉积初期进入成熟阶段,大规模生烃;包裹体均一化温度 109～115℃,对应成藏期为垛二段沉积初期。后期随着地层温度不断升高,阜二段烃源岩生成的油气大量生排聚集成藏(图 3-84)。

南黄海盆地南部坳陷南四凹 A 井钻遇了阜四段优质咸水湖相烃源岩,干酪根类型主要为 Ⅰ、Ⅱ₁ 型,R_o=0.57%。南五凹现今地温梯度 2.5～3.2℃/100m,凹陷中心地形低,凹陷周缘或凸起地形高,平面变化规律与高邮凹陷相似。以 A 井样品为基础进行模拟,结果表明,南五凹阜二段底界烃源岩约 917km² 处于低熟阶段,R_o 为 0.5%～0.7%;凹陷中心约 377km² 处于成熟阶段,R_o 为 0.7%～1.3%。南五凹阜四段底界烃源岩约 880km² 处于低熟阶段,成熟烃源岩分布面积仅约 58km²(仝志刚等,2017)。

尽管烃源岩成熟度较低,但受沉积期海水入侵、沉积环境"咸化"、含硫量增大等因素的影响,阜宁组烃源岩生烃活化能较低,具有低熟生烃、早生、早排、生烃能力较强的特点,仍具有不可忽视的生烃潜力。

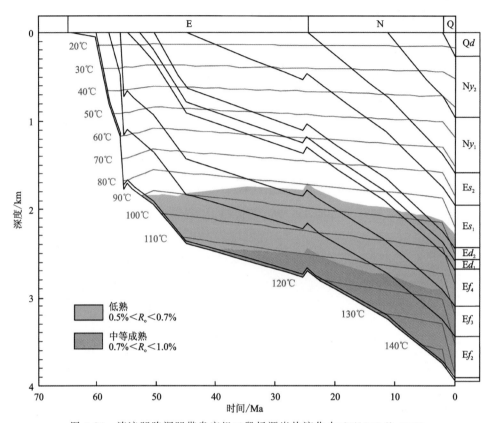

图 3-84　溱潼凹陷深凹带阜宁组二段烃源岩热演化史(据姚红生等,2021)

第四章　岩相与储集性

　　渤海湾盆地古近系页岩油层段主要发育 5 种岩性组合,分别是纯泥页岩、泥页岩夹砂质条带、泥页岩砂岩互层、泥页岩夹灰(云)质岩、泥页岩灰(云)质岩互层(图 4-1)。从直井产油量看,泥页岩夹灰(云)质岩>泥页岩夹砂质条带>纯泥页岩>泥页岩灰岩(砂岩)互层。高产富集页岩油层 TOC>2%,R_o 为 0.7%~2.0%,有机质类型主要为 I、II$_1$ 型。

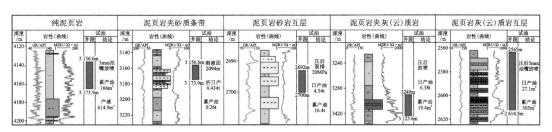

图 4-1　渤海湾盆地古近系页岩油层岩性组合(据刘海涛等,2019)

　　白云岩使地层脆性增强,有利于储层改造,随着白云岩厚度增大,页岩油产量增加。生烃超压增加了页岩油流动的动力,减小了页岩不同方向的应力差,有利于储层改造与页岩油的采出(图 4-2)。

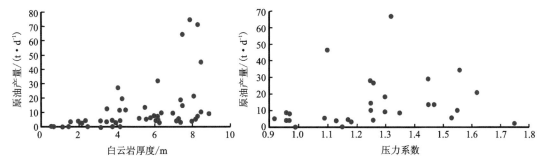

图 4-2　渤海湾盆地白云岩总厚度、压力系数与页岩油产量关系(据刘海涛等,2019)

　　古近系页岩油气储集空间主要包括微孔隙、微裂缝两类。微孔隙又分为无机孔和有机孔。无机孔包括黏土粒间微孔、晶间溶蚀孔和晶内溶蚀孔,是页岩油的主要储集空间。有机孔主要发育收缩孔和溶蚀孔,可作为页岩气的有效储集空间。

　　南襄盆地泌阳凹陷核三段泥页岩按层理结构及岩石类型,划分为纹层状灰质页岩、纹层状黏土质页岩、纹层状粉砂质页岩、纹层状白云质页岩、块状泥岩 5 种岩相。

江汉盆地潜江凹陷潜江组页岩,根据有机质富集程度、纹层发育程度及岩石矿物含量,可划分为4种岩相类型,下部为钙芒硝充填富碳纹层状白云质泥岩,中部为富碳纹层状灰质/白云质泥岩,上部为富碳纹层状泥质白云岩。

苏北盆地阜二段页岩层系,可根据沉积结构与岩性,划分岩相类型。

从储层物性看,中国东部陆相断陷页岩层系孔隙度分布在0.1%～31.06%之间,平均值分布在2.14%～20.5%。其中,江汉盆地潜江凹陷潜三段4油层10韵律页岩层段孔隙度平均值高达20.5%,苏北盆地阜四段页岩层段孔隙度平均20.5%,济阳坳陷沙四上—沙三下页岩层段孔隙度5%～13.81%,辽河、黄骅、冀中、昌潍坳陷古近系页岩层段孔隙度主要分布在2.0%～6.0%之间(图4-3)。

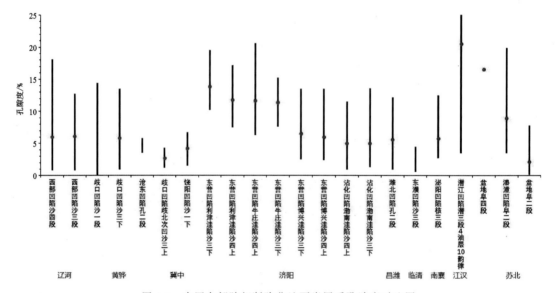

图4-3 中国东部陆相断陷盆地页岩层系孔隙度对比图

中国东部陆相断陷盆地页岩层系渗透率分布在$(0.001～930)\times10^{-3}\,\mu m^2$之间,平均值分布在$(0.003\,5～18.2)\times10^{-3}\,\mu m^2$之间。其中,济阳坳陷沙四上—沙三下页岩渗透性最好,平均渗透率分布在$(6.89～18.2)\times10^{-3}\,\mu m^2$之间;渤海湾盆地其他坳陷平均渗透率分布在$(0.047～6.6)\times10^{-3}\,\mu m^2$之间。南襄、江汉、苏北盆地古近系页岩层段平均渗透率均小于$1\times10^{-3}\,\mu m^2$(图4-4)。

从图4-5可以看出,在中国东部陆相断陷盆地页岩层系中,孔隙度与平均渗透率明显表现出两段式的特点。平均渗透率小于$2.5\times10^{-3}\,\mu m^2$的地区,孔渗之间没有明显的相关性;平均渗透率大于$2.5\times10^{-3}\,\mu m^2$的地区,孔渗之间表现出明显的正相关关系。

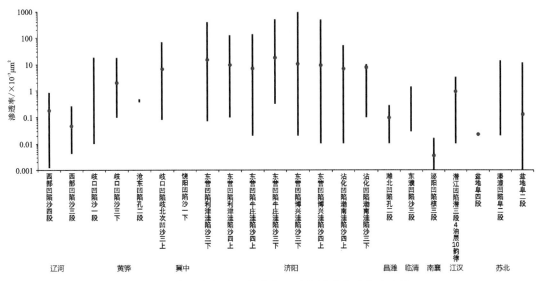

图 4-4　中国东部陆相断陷盆地页岩层系渗透率对比图

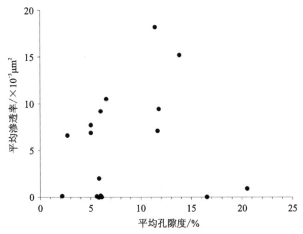

图 4-5　中国东部陆相断陷盆地页岩层系平均孔隙度-平均渗透率关系图

第一节　渤海湾盆地页岩层系岩相与储集性

一、辽河坳陷

辽河坳陷西部凹陷沙四段、沙三段页岩,根据纹层结构的横向分布特点,可划分为连续型、断续型、分散型 3 类,并可分为(含)云泥质、灰泥质、黏土质、长英质 4 种矿物相(毛俊莉,2020)。

连续型富有机质纹层页岩,主要形成于沙四段半咸水环境,水体变浅时白云石含量增高、黏土和有机质含量减少,水体加深时白云石含量减少、黏土含量增加、纹层结构发育。有机质为浮游藻类,有机质含量 55%~98%,有机质顺白云石层或黏土层富集,多具有海绵结构,呈絮凝团块。在埋藏较浅的未熟油—低熟油阶段,该岩相表现为有机质—黏土—碳酸盐岩混合体,储集空间主要为无机孔,包括黏土矿物、碳酸盐矿物以及长石、石英等矿物的粒间孔、粒内孔、晶间孔、晶内孔和溶蚀孔。随着埋深加大,进入成熟油阶段,伊蒙混层转变为伊利石,出现生烃排酸,在有机质边缘形成有机质收缩缝,碳酸盐矿物则发育晶间溶孔,孔隙直径300～100μm,储集空间仍然以无机孔为主,但有机孔缝的贡献逐步加大。与页岩油相比,页岩气层段更容易发育连续的有机孔缝网络。碳酸盐矿物含量与含油气量呈正相关关系。

断续型富有机质纹层页岩,主要发育在沙三段深水静水缺氧环境,有机质含量相对减少、分布不连续,有机质为浮游藻类,多呈丝缕状或条带状分布于黏土矿物间,与黏土互层。

岩石矿物成分以石英为主,石英含量超过50%。随着埋深增加,$R_o>1.3\%$,进入成熟—高成熟阶段,生成成熟油、高成熟凝析油、过成熟干气,有机酸含量逐步减少,无机溶蚀孔隙减小,生烃作用产生的有机孔逐步占据主导,有机孔孔径减小,有机质边缘收缩缝相对更发育,储集空间主要为黏土间微孔、长石-石英粒间孔和有机孔缝,但孔径变小,由微米级向纳米级转化,孔径大小主要为100nm～10μm,孔隙类型、孔隙大小及孔隙连通性分布不规则,更有利于页岩气的储集。例如,双兴1井现场解析发现,纹层状长英质页岩、韵律层状页岩、粉砂岩与页岩互层中均发现大量页岩气。

分散型有机质块状页岩,主要发育在沙三段半深湖—深湖相,有机质含量急剧减少,通常小于0.5%,有机质类型主要为Ⅲ型,表现为块状结构,石英矿物含量大于50%。

利用黏土、方解石和白云石、石英和长石三组矿物含量,建立页岩岩性三角分类图版,当每组矿物含量大于50%时,即分别定义为黏土质页岩、长英质泥页岩、碳酸盐岩质页岩;当三组矿物含量均小于50%时,称为混合质页岩。对西部凹陷中北部的雷84井进行全岩定量分析,沙四段页岩黏土矿物含量平均23.5%,石英+长石+黄铁矿含量16.4%～61.9%,碳酸盐含量平均40%。位于湖心深水区的双兴1井,沙三段主要发育长英质页岩,黏土矿物含量平均30.6%,石英+钾长石+斜长石含量46.5%～89.2%,其中石英含量27.3%～46.5%。

辽河坳陷西部凹陷沙四段、沙三段暗色泥页岩孔隙类型多样,自然裂缝发育,具备毫米、微米、纳米多级储集空间。孔隙以粒间孔、晶间孔、粒内孔、溶蚀孔最为常见,局部发育有机孔。粒间孔多为黄铁矿、石英、方解石、云母等晶粒或矿物颗粒之间经过压实作用后的残留原生孔隙,粒间孔径多大于100nm。晶间孔多为晶体不规则生长所形成,例如石英、长石以及微球粒状黄铁矿晶簇内的晶间孔缝,孔径一般100nm～3μm,孔隙边缘平整,连通性较好。粒内孔多见于伊利石、高岭石、蒙脱石等黏土矿物中,主要是在蒙脱石转变为伊蒙混层,再转变为伊利石、高岭石过程中形成的,孔径一般3～9μm,最大16～20μm。溶蚀孔隙包括颗粒溶解和胶结物溶解孔隙,孔径一般1～20μm。有机孔的孔径较小,一般30～500nm,主要由生烃消耗有机碳而成,各种孔径常呈集群蜂窝状分布(图4-6)。

裂缝多呈平直线状、树枝状和网状,包括水平页理缝、构造张裂缝和剪性裂缝,以及成岩收缩缝、有机质边缘生烃收缩缝等。镜下观察,微裂缝多呈锯齿状弯曲,延伸性较好,长度多在9μm左右,宽度20～700nm。常表现为黏土矿物裂开缝、脆性矿物裂开缝或黏土矿物与脆性矿物接触缝(图4-7)。泥页岩内孔隙、裂缝网格状有限连通,形成了复杂的孔缝系统。

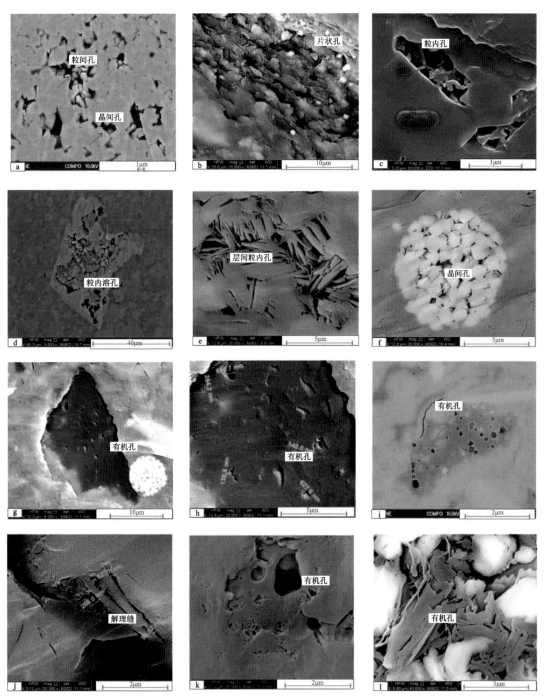

a. 杜 143 井 3 064.90m,粒间孔,晶间孔;b. 双兴 1 井 4 074.50m,TOC=1.06%,R_o=1.13%,黏土矿物片状孔及溶孔;
c. 冷 97 井 3 654.6m,TOC=2.62%,R_o=0.52%,粒内孔;d. 雷 37 井 2 816.8m,TOC=4.02%,R_o=0.35%,粒内溶
孔;e. 曙古 165 井 2 733.5m,TOC=2.84%,R_o=0.6%,伊利石层间粒内孔;f. 曙古 165 井 2 733.5m,黄铁矿晶间孔;
g,h. 雷36 井 2 429.76m,TOC=3.74%,R_o=0.4%,有机孔;i. 曙 111 井 3 275.76m,TOC=4.09%,R_o=0.54%,有机
孔;j. 双兴 1 井 4 209.6m,TOC=1.94%,R_o=1.18%,长石解理缝及有机孔;k. 雷 37 井 2 816.8m,TOC=4%,R_o=
0.34%,有机孔;l. 双兴 1 井 4 191.93m,TOC=1.44%,R_o=1.16%,黄铁矿及伊利石晶间孔及有机孔。

图 4-6　辽河坳陷西部凹陷页岩孔隙类型(据毛俊莉,2020)

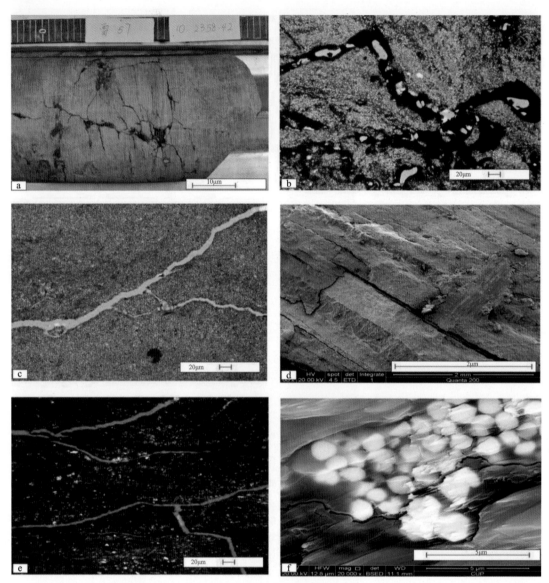

a.雷57井2 358.42m,溶蚀孔与缝;b.雷36井2 533.67m,裂缝、溶孔;c.雷36井2 513.04m,裂缝;d.曙112井3097m,页理缝;e.曙古165井,构造裂缝;f.雷36井2 691.31m,黏土间微孔。

图4-7　辽河坳陷西部凹陷页岩裂缝类型(据毛俊莉,2020)

辽河坳陷西部凹陷沙四段泥页岩有效孔隙度0.8%～18.1%,平均5.98%;渗透率(0.001 21～0.852 4)×$10^{-3}\mu m^2$,平均0.178×$10^{-3}\mu m^2$;沙三段泥页岩有效孔隙度0.81%～12.7%,平均6.06%;渗透率(0.004 2～0.267 3)×$10^{-3}\mu m^2$,平均0.047×$10^{-3}\mu m^2$(单衍胜等,2016;毛俊莉,2020)。

二、黄骅坳陷

沧东凹陷孔二段厚度可达400m,页岩层岩石类型多样且频繁互层,孔缝密集,滞留烃多,纵向普遍含油、多段富集,脆性矿物含量较高,R_o为0.66%～1.10%,一般小于1.3%,以生油为主。

沧东凹陷孔二段岩心尺度的页岩层结构可划分为纹层状、薄层状、层状三大类,均能满足油气分子运移下限 16nm(水膜平均厚度 12nm+沥青质分子直径 4nm)的要求(赵贤正等,2019)。

根据 CT 扫描、核磁共振结合离心实验,纹层状页岩大孔喉发育,孔隙半径平均 187nm,喉道半径平均 168nm,顺层状分布,连通性较好,T2 谱显示可动烃占比可达 46.7%;薄层状页岩小、大孔喉均有发育,孔隙半径平均 102nm,喉道半径平均 66nm,孔喉呈立体、层状分布,T2 谱显示可动烃占比 15.6%;层状页岩以小孔喉为主,孔隙半径平均 87nm,喉道半径平均 58nm,呈立体网络结构,T2 谱显示可动烃占比 8.7%。

由此可见,页岩纹层状韵律结构越发育,页岩油渗流能力越强。孔二段页岩纹层矿物主要有长石、石英、白云石、方沸石、黏土矿物、有机质等。以碳酸盐矿物(方解石与白云石)、长英质矿物(石英与长石)、黏土矿物的含量绘制三角图版,可将泥页岩划分为长英质页岩、灰云质页岩、灰云岩、混合质页岩 4 种岩类。沧东地区孔二段碳酸盐矿物含量平均 33%、长英质含量平均 35%、黏土矿物平均 16%。脆性矿物石英、方解石、白云岩、方沸石含量较高,一般大于 60%。

据此,沧东凹陷孔二段 1 砂组自下而上可划分 4 种岩相,分别为薄层状灰云质页岩相、纹层状混合质页岩相、纹层状长英质页岩相、层状灰云质页岩相。其中,纹层状长英质页岩 CT 及核磁共振实验可见孔隙呈层状分布、连通性好,可动流体饱和度高达 46.7%,索氏抽提含油量达 20mg/g,是孔二段的最优富集层。官东 1702H 井产液剖面证实,纹层状长英质页岩长度占总水平井段的 38.5%,而产油量占全井段的 74.8%(赵贤正等,2022a)。

沧东凹陷孔二段白云岩类储集空间最发育,以晶间孔、构造缝、差异压实缝为主,赋存于纹层状泥质白云岩、块状厚层泥质白云岩、结核状白云岩和块状白云质泥岩中,以微晶—泥晶白云岩为主,白云石含量高、结晶程度较高。白云岩类储层裂缝非常发育,尤其是高角度裂缝,基质普遍含油,裂缝中含油性更好;该类储层孔隙度平均 5.8%,渗透率平均 0.49×10^{-3} μm^2。长石、石英岩类储层储集空间以粒间孔、粒内微孔、粒间溶蚀孔、微裂缝为主,孔隙度平均 3.1%,渗透率平均 0.69×10^{-3} μm^2。混合岩类储集空间以晶间溶孔、粒内微孔及微裂缝为主,孔隙度平均 3.3%,渗透率平均 0.37×10^{-3} μm^2。总体来看,页岩孔隙以矿物粒间孔、晶间孔、次生溶蚀孔等无机孔为主,占比超过 85%。粒间孔、粒内孔、晶间孔,以及层间缝、构造缝、收缩缝等多种微裂缝组成的复杂孔-缝系统,可有效提高页岩层的渗透性(周立宏等,2018)。

歧口凹陷沙河街组泥页岩主要由长英质矿物(石英、长石)、碳酸盐矿物(方解石、白云石)、黏土矿物(伊利石与伊/蒙混层,少见绿泥石及蒙脱石)组成。其中,石英含量 13%~36%,平均 25%;长石和黄铁矿含量较少,平均为 2.2%、3.7%;碳酸盐矿物含量较高,为 17%~45%,平均 30%。石英、长石及碳酸盐等脆性矿物含量平均达到 40%以上,黏土矿物含量平均 38%左右。这些都优于页岩可压裂性的评价标准,即脆性矿物含量大于 40%,黏土矿物含量小于 40%。但沙河街组泥页岩储集物性较差,沙三下泥页岩孔隙度 0.9%~13.5%,平均 5.8%;渗透率(0.1~18)×10^{-3} μm^2,平均 2.03×10^{-3} μm^2(何建华等,2016)。

歧口凹陷歧北次凹沙三段一亚段,地层厚度 200~350m。房 39x1 井沙三段一亚段

4 371.95～4 386.23m 泥页岩取心段,主要发育半深湖—深湖相黑色页岩、黑色—深灰色块状泥岩,夹薄层的灰色白云岩、深灰色—灰色粉砂岩等。岩石密度 2.51～2.72g/cm³,平均 2.59g/cm³;孔隙度 1.19%～4.27%,平均 2.67%;脉冲渗透率 0.08～69.7×10⁻³ μm^2,平均 6.60×10⁻³ μm^2(图 4-8)。

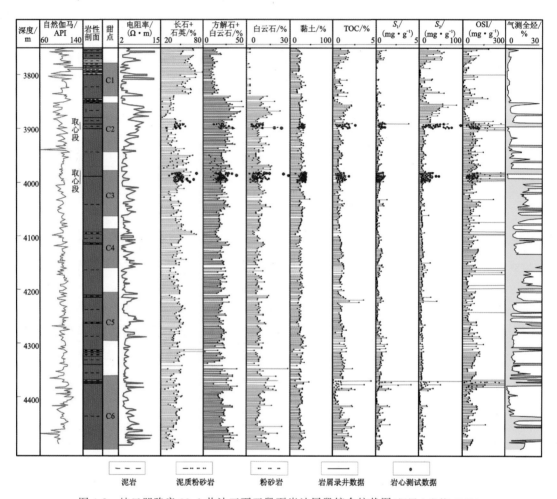

图 4-8 岐口凹陷房 39x1 井沙三下亚段页岩油层段综合柱状图(据周立宏等,2021)

沙三段一亚段纹层状页岩启动压力梯度最低,页岩油渗流能力最强;层状储层启动压力梯度其次,在较大压差下可有部分油相发生流动,具有一定渗流能力;块状储层拟启动压力相比于纹层状页岩呈数量级增加,在相同驱替压力下,块状泥岩中页岩油流量仅为纹层状页岩中的 1/10 左右,基本无自然产能(曾旭等,2022)。

歧口凹陷西南缘的歧页 1H 井区沙一下亚段,主要发育闭塞浅湖—半深湖—深湖亚相的白云质灰岩、白云岩、泥灰岩、泥岩、油页岩等,水平层理、波状层理发育。4 口井 605 件样品 X 射线衍射全岩矿物分析表明,沙一下亚段页岩以长英质、碳酸盐矿物为主,黏土矿物含量平均 27%。沙一下亚段可划分为纹层状混合质页岩、纹层状云灰质页岩、纹层状长英质页岩、块状黏土质泥岩和块状碳酸盐岩 5 类岩相(图 4-9)。

岩相类型	岩相特征描述	岩心照片	岩石薄片
纹层状混合质页岩	纹层状构造，层间缝较发育，多被硅质及少量碳酸盐矿物充填，有机质含量较高	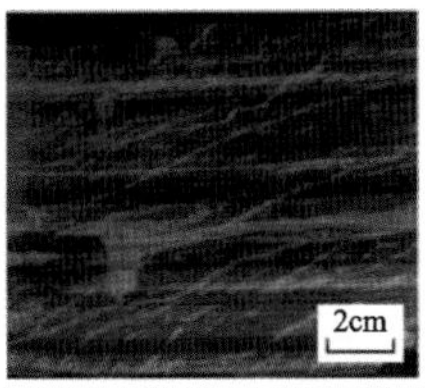	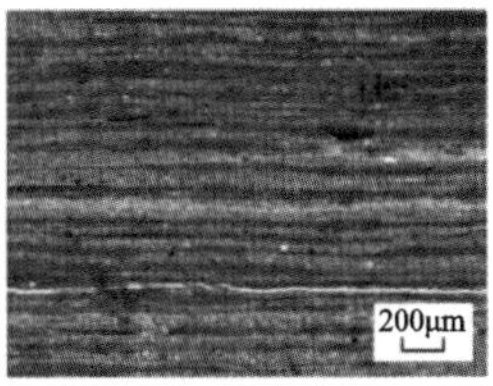
纹层状云灰质页岩	纹层状构造，纹层较为平直，也可见灰质透镜状或波状纹层结构，内部可见有机质、生物碎屑及粉砂级石英碎屑	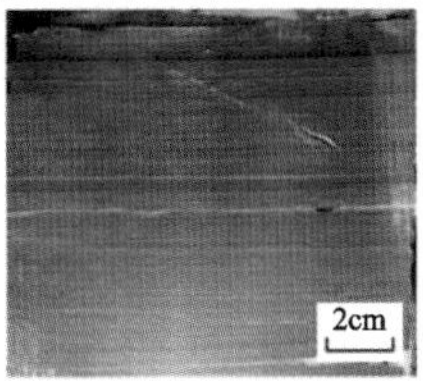	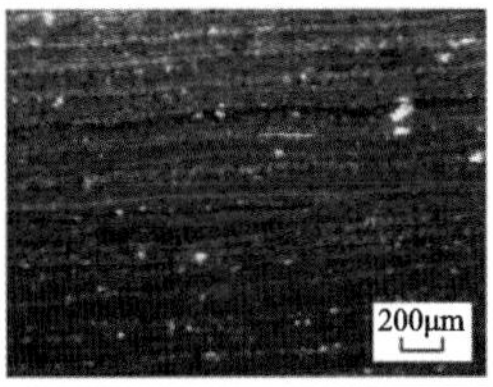
纹层状长英质页岩	纹层状构造，层间缝较发育，多被硅质及少量碳酸盐矿物充填，碳酸盐矿物含量低，平均为13%，长英质碎屑呈分散状分布	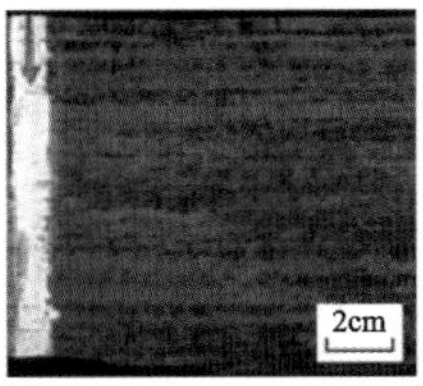	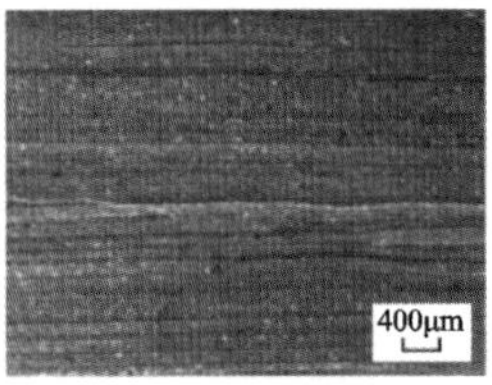
块状黏土质泥岩	块状构造，可见石英碎屑颗粒，最大粒径为80μm，也可见灰质条带、黄铁矿、有机质	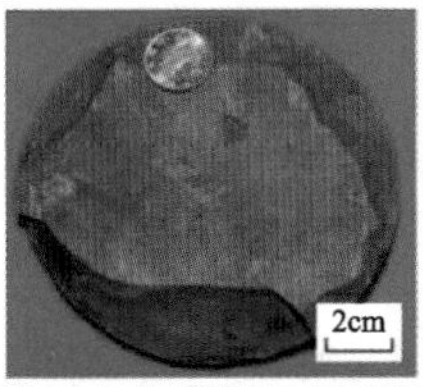	
块状碳酸盐岩	块状构造，层理不发育。白云石含量高，含有少量泥级长英质矿物和黏土矿物	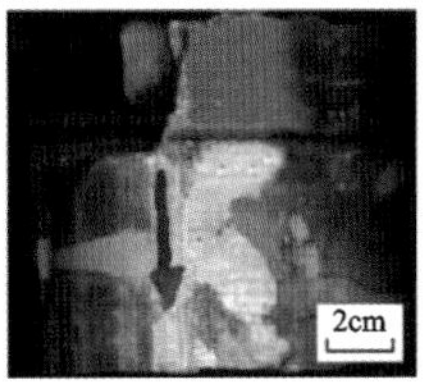	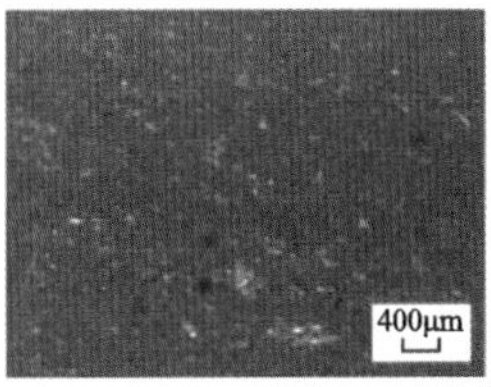

图 4-9　歧口凹陷西南缘沙一下亚段岩相类型及特征(据赵贤正等,2022b)

歧口凹陷沙一段380件样品荧光薄片观察表明,页岩油主要赋存于粒间孔、晶间孔、有机质孔、层理缝和微裂缝(赵贤正等,2022)。纹层状混合质页岩为长英质纹层或云灰质纹层与有机质纹层的高频互层,纹层厚度 $5\sim60\mu m$,纹层密度可达 24 000 层/m,层理缝较发育;纹层状混合质页岩孔隙度 $0.1\%\sim14.1\%$,平均 5.1%;渗透率 $(0.1\sim6.1)\times10^{-3}\mu m^2$,平均 $3.5\times10^{-3}\mu m^2$,储集空间主要为方解石晶间孔、粒间孔,多顺纹层分布,其次为黄铁矿晶间孔、有机质孔和微裂缝;黏土矿物含量平均为 30%。纹层状云灰质页岩为云灰质纹层与黏土有机质纹层的高频互层,纹层厚度 $10\sim80\mu m$,纹层密度 19 000 层/m;生物格架孔发育,颗石藻呈层状分布;纹层状云灰质页岩孔隙度 $0.14\%\sim8.00\%$,平均 4.50%;渗透率 $(0.01\sim14.36)\times10^{-3}\mu m^2$,

平均为 $2.97 \times 10^{-3} \mu m^2$；碳酸盐矿物含量大于 50%，黏土矿物含量平均 19%，脆性较大，高角度构造缝发育。纹层状长英质页岩为长英质纹层与黏土有机质纹层的高频互层，纹层厚度 10～200μm，纹层密度 11 000 层/m，层间缝较为发育；纹层状长英质页岩储集空间以石英、长石颗粒残余粒间孔和粒间缝为主，粒间缝开度可达 1μm，颗粒内可见溶蚀孔；孔隙度 0.5%～10.1%，平均 4.3%；渗透率 $(0.01～9.00) \times 10^{-3} \mu m^2$，平均 $1.98 \times 10^{-3} \mu m^2$；长英质矿物含量多大于 50%，黏土矿物含量平均 28%。块状黏土质泥岩的纹层结构欠发育，不同矿物呈分散状分布，黏土矿物含量大于 50%，主要发育黏土矿物晶间孔，可见黄铁矿晶间孔。块状碳酸盐岩单层厚度小于 0.5m，以碳酸盐矿物为主，平均含量达 77%，黏土矿物含量平均 9%；储集空间以白云石和方解石晶间孔、溶蚀孔和构造缝为主，孔隙度 3.8%～17.2%，平均 9.8%；渗透率 $(0.50～18.20) \times 10^{-3} \mu m^2$，平均 $6.57 \times 10^{-3} \mu m^2$（赵贤正等，2022b）。

三、冀中坳陷

冀中坳陷饶阳凹陷沙一下亚段沉积时期，水体逐渐变深，上部沉积了半深湖相富含有机质泥页岩，主要包括暗色块状泥岩和黑褐色油页岩，埋深 2476～5400m，厚度 10～240m，TOC 为 0.36%～6.24%，有机质类型主要为 II_1、II_2 型，R_o 为 0.42%～0.91%，是页岩油有利区。对 24 块泥页岩样品开展真视密度法测量孔隙度，其中 11 块块状泥页岩样品孔隙度 1.51%～6.72%，平均 4.21%；13 块层状泥页岩样品孔隙度 1.21%～6.18%，平均 3.11%。随深度增加，孔隙度明显减小（图 4-10）。

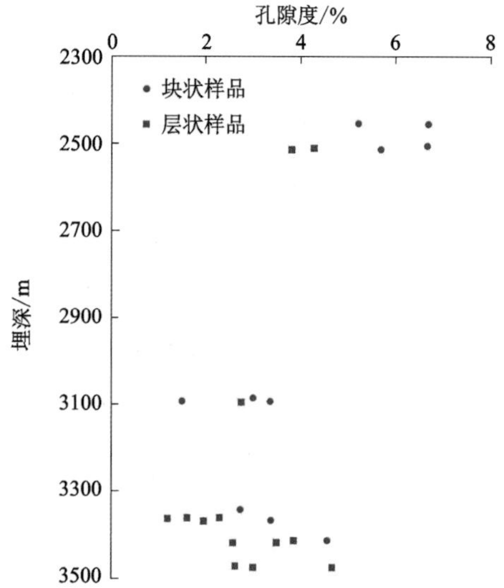

图 4-10　饶阳凹陷沙一下泥页岩孔隙度随埋深变化图（据陈方文等，2019）

四、济阳坳陷

针对济阳坳陷沙四上—沙三下亚段泥页岩，提出泥页岩岩相综合划分方案：①根据有机质含量，TOC≥2% 为富有机质，有机质多呈丝带状、长条状分布，连续性较好；TOC<2% 为含有机质，有机质呈星点状分散排列，连续性差。②根据纹层厚度，纹层厚度<1mm 为纹层状，纹层厚度≥1mm 为层状，纹层不发育为块状。其中，浅色层主要为碳酸盐岩，暗色层为泥质或有机质纹层，泥质纹层由黏土矿物组成，富有机质纹层由层状藻、藻屑呈条带状顺层富集而成。据此，将济阳坳陷沙四上—沙三下亚段泥页岩共划分为 6 类岩相，分别是富有机质纹层状泥质灰岩相、富有机质纹层状灰质泥岩相、富有机质层状泥质灰岩相、富有机质层状灰质泥岩相、含有机质块状泥岩相、含有机质纹层状泥质灰岩相（图 4-11、图 4-12）。

富有机质纹层状泥质灰岩相、富有机质纹层状灰质泥岩相主要发育在咸化半深湖—深湖安静水体还原环境，季节变化导致韵律性沉积，储集空间类型多、孔隙发育，主要发育碳酸盐矿物晶间孔、黏土晶间孔、黄铁矿晶间孔、有机质孔和微裂缝（图 4-13、图 4-14）。

岩相类型	岩心特征	显微特征	主要特征	沉积环境及成因
富有机质纹层状灰质泥岩相	Ny1井, 沙四上亚段, 3 346.50m	Ny1井, 3 346.50m	富含有机质黏土纹层与灰质纹层互层, 方解石多呈微晶状, 碳酸盐含量高于黏土, TOC≥2%	季节性变化和化学作用交替作用的结果, 反映咸化还原环境
富有机质纹层状灰质泥岩相	Ny1井, 沙四上亚段, 3 402.70m	Ny1井, 3 346.50m	富含有机质黏土纹层与灰质纹层互层, 方解石多呈微晶状, 碳酸盐含量低于黏土, TOC≥2%	季节性变化和化学作用交替作用的结果, 反映静水还原环境
富有机质层状泥质灰岩相	L69井, 沙三下亚段, 3 988.73m	L69井, 2 988.75m	泥质与隐晶方解石互层, 方解石呈透镜状, 条带状, 不连续层状分布显层, 碳酸盐含量高于黏土含量, TOC≥2%	机械搬运沉积与化学沉积同时进行, 反映气候较为干旱
富有机质层状灰质泥岩相	L69井, 沙三下亚段, 2 969.20m	L69井, 2 979.50m	泥质与隐晶方解石相混, 介形虫碎片、炭屑及碎屑等顺层排列显层, 碳酸盐含量低于黏土, TOC≥2%	机械搬运沉积与化学沉积同时进行, 反映物源补给较充足
含有机质块状泥岩相	L69井, 沙三下亚段, 2 922.50m, 泥岩	L69井, 2 931.95m	以泥质为主, 不显层, 碎屑质呈分散状分布, TOC<2%	机械悬浮快速沉积的产物, 反映物源补给充足
含有机质纹层状泥质灰岩相	L69井, 沙三下亚段, 3 104.40m, 泥岩	L69井, 3 104.40m	含有机质黏土纹层与灰质纹层互层, 方解石呈隐—细晶结构, 黏土纹层很薄, TOC<2%	机械搬运沉积与化学沉积同时进行, 以化学沉积为主, 反映浅水蒸发环境

图 4-11 济阳坳陷沙四上—沙三下泥页岩岩相分类图(据王勇等,2016)

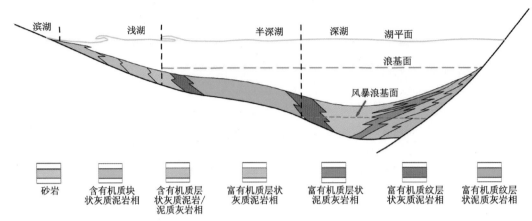

砂岩 含有机质块状灰质泥岩相 含有机质层状灰质泥岩/泥质灰岩相 富有机质层状灰质泥岩相 富有机质层状泥质灰岩相 富有机质纹层状灰质泥岩相 富有机质纹层状泥质灰岩相

图 4-12 济阳坳陷咸化湖盆不同岩相泥页岩发育分布模式(据孙焕泉,2017)

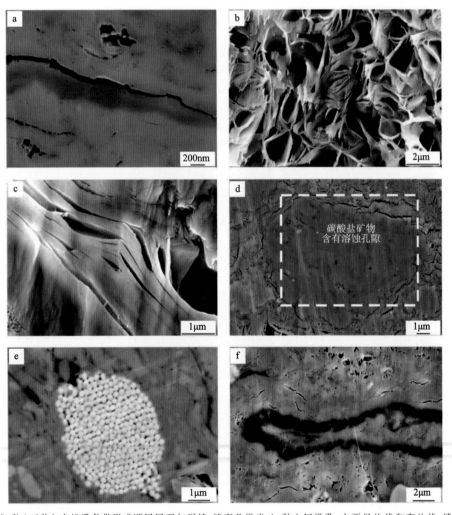

a. 层间缝:黏土矿物与有机质条带形成顺层层理与裂缝,缝宽几微米;b. 黏土间微孔:主要呈片状和弯片状,缝宽小于 0.1μm,部分小于 50nm;c. 粒间孔:常见于薄片状黏土矿物之间,顺层发育,孔隙呈狭长状,长度 5～20μm,宽度小于 10μm;d. 方解石、白云石晶间孔:孔隙小于 10μm;e. 黄铁矿晶间孔;f. 有机孔:偶见于层状泥页岩中的有机质条带,孔隙 10～300nm。

图 4-13 东营凹陷博兴洼陷樊页 1 等井沙四上业段泥页岩孔隙类型(据黄文欢等,2022)

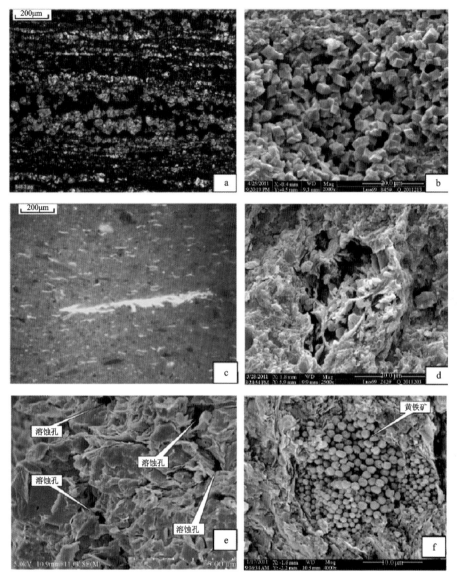

a.方解石重结晶晶间孔薄片图片,单偏光;b.白云石重结晶晶间孔扫描电镜图片;c.有机质条带薄
片图片,荧光;d.有机质演化孔扫描电镜图片;e.溶蚀孔隙扫描电镜图片;f.黄铁矿晶间孔扫描电
镜图片。

图 4-14　沾化凹陷罗 69 井沙三下泥页岩孔隙类型(据贾 䒧等,2018)

富有机质层状泥质灰岩相、富有机质层状灰质泥岩相,主要形成于半咸水浅湖—半深湖
相较动荡水体还原环境,是水动力沉积与化学沉积纵向交错叠置的结果,主要发育黏土矿物
晶间孔、碳酸盐矿物晶间孔和少量有机质孔。含有机质块状泥岩相主要发育于滨浅湖相,以
碎屑颗粒粒间孔和黏土矿物晶间孔为主。含有机质纹层状泥质灰岩相主要为干旱咸水盐湖
相化学沉积,主要发育碳酸盐矿物晶间孔。平面上,从边缘到洼陷带,凹陷依次发育砂岩相→
含有机质块状泥岩相→含有机质层状灰质泥岩相→富有机质层状灰质泥岩和泥质灰岩相→
富有机质纹层状泥质灰岩和灰质泥岩相。

济阳坳陷沙四上—沙三下泥页岩目前处于生油期,有机质生排烃之后会发育部分有机孔,考虑到有机质和黏土矿物对原油的吸附作用,有机孔、黏土矿物粒间孔可能无法成为页岩油的储集空间,无机矿物中的粒间孔、晶间孔、微裂缝等是页岩油的主要储集空间。

东营凹陷博兴洼陷樊页 1 井沙四上亚段泥页岩样品分析显示,樊页 1 井沙四上泥页岩孔隙度 2.4%～13.5%,平均 5.96%;渗透率(0.01～481)×10^{-3} μm^2,平均 9.2×10^{-3} μm^2;樊页 1 井沙三下泥页岩孔隙度 2.5%～13.5%,平均 6.53%;渗透率(0.02～930)×10^{-3} μm^2,平均 10.52×10^{-3} μm^2(刘毅,2018)。块状泥岩类孔隙度平均 3.42%,水平渗透率平均 0.038×10^{-3} μm^2;层状—纹层状灰质泥岩孔隙度平均 7.85%,水平渗透率平均 0.994×10^{-3} μm^2;层状泥质白云岩孔隙度平均 5.8%,水平渗透率平均 0.758×10^{-3} μm^2;砂岩类样品孔隙度平均 6.46%,水平渗透率平均 0.124×10^{-3} μm^2;可以发现,层状—纹层状泥页岩物性较好,块状泥岩类物性最差(黄文欢等,2022)。

东营凹陷利津洼陷利页 1 井沙四上泥页岩孔隙度 7.5%～17.2%,平均 11.75%;渗透率(0.1～126)×10^{-3} μm^2,平均 9.44×10^{-3} μm^2。利页 1 井沙三下泥页岩孔隙度 10.2%～19.5%,平均 13.81%;渗透率(0.07～396)×10^{-3} μm^2,平均 15.2×10^{-3} μm^2(刘毅,2018)。利页 1 井沙四上—沙三下富有机质纹层状泥页岩,实测孔隙度平均 12.9%,垂向渗透率平均 0.09×10^{-3} μm^2;富有机质层状泥页岩,孔隙度平均 12.2%,垂向渗透率平均 0.01×10^{-3} μm^2;含有机质块状泥质灰岩相,孔隙度平均 11.2%,垂向渗透率平均 0.03×10^{-3} μm^2。但这种物性差异不足以引起油气富集程度的差异(王勇等,2016)。针对利页 1 井沙四上—沙三下亚段的 3 个样品进行高压压汞实验,平均孔隙度为(6.31±1.64)%,孔喉直径为(8.20±3.01)nm,基质渗透率只有(27.4±31.1)×10^{-9} μm^2,但平行层理方向渗透率要比基质渗透率大近 20 倍(胡钦红等,2017)。针对济阳坳陷 13 口井沙四上—沙三下页岩油储层,测得 72 组渗透率数据,水平渗透率(0.046～31.000)×10^{-3} μm^2,垂直渗透率(0.002 3～2.430 0)×10^{-3} μm^2。当层理缝发育时,水平渗透率比垂直渗透率大几倍至几百倍;当层理缝不发育时,水平渗透率与垂直渗透率相差 0.4～50.0 倍(沈云琦等,2022)。水平渗透率远高于垂向渗透率,这是富有机质纹层状页岩油气最为富集的主要原因之一。

东营凹陷牛庄洼陷牛页 1 井沙四上泥页岩孔隙度 6.3%～20.6%,平均 11.64%;渗透率(0.02～137)×10^{-3} μm^2,平均 7.09×10^{-3} μm^2。牛页 1 井沙三下泥页岩孔隙度 7.6%～15.2%,平均 11.37%;渗透率(0.32～502)×10^{-3} μm^2,平均 18.2×10^{-3} μm^2(刘毅,2018)。牛页 1 井沙四上、沙三下泥页岩实测孔隙度 6%～23%,平均 12%;渗透率(0.001～500)×10^{-3} μm^2,大部分样品渗透率小于 1×10^{-3} μm^2(图 4-15)。

济阳坳陷页岩油直井出油井统计表明,页岩油气主要产自富有机质纹层状泥页岩中,占出油井段的 70%左右,其中富有机质纹层状泥质灰岩占 37%,富有机质纹层状灰质泥岩占 33%,富有机质层状泥质灰岩相占 19%,富有机质层状灰质泥岩相占 9%,含有机质纹层状泥质灰岩相占 2%(王勇等,2016)。

统计表明,东营凹陷和沾化凹陷 85%的页岩油直井高产井处于距离断裂 1000m 以内。

压汞实验显示,东营凹陷沙四上页岩储层孔隙度 2.44%～16.00%,平均 5.60%;孔喉直径 6.67～42.60nm,平均 12.70nm(陈扬等,2022)。

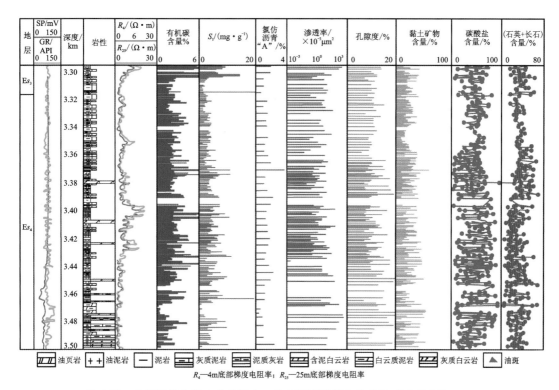

图 4-15　牛庄洼陷牛页 1 井沙四上—沙三下页岩综合柱状图(据张林晔等,2014)

根据理论分析,甲烷分子直径 0.375nm,油分子直径 0.5～10.0nm,考虑到孔隙与油气分子直径之比小于 10 时会造成阻塞,因此,游离态赋存的孔径理论下限可能为 4～5nm,小于该孔径的孔隙中均为吸附态(胡钦红等,2017)。

小角 X 射线散射实验表明,5～6nm 黏土晶间片孔具备储油能力。高压压汞＋GRI 孔隙度＋含油饱和度法联测表明,原油主要赋存于 5nm 以上孔隙中,5nm 为页岩基质储油孔径下限。有机溶剂洗提前后孔隙体积变化表明,富碳酸盐样品增孔峰值为 8～9nm,富黏土有机质样品增孔峰值为 5～6nm。樊页 1 井氩离子抛光电镜抽真空实验表明,10nm 为页岩基质赋存游离油极限孔径,核磁共振证实孔径大于 30nm 的储集空间有利于游离油富集(杨勇,2023)。

采用分步热解法分析,常温常压状态下,可动油的孔径下限为 30nm 左右。对济阳坳陷沙河街组泥页岩采用场发射-扫描电镜观察发现,最小析出油的孔径即可动油下限约为 50nm(图 4-16)。

姜振学等(2020)通过计算认为,实际油藏条件下,地层压力系数为 1.0 时,页岩油的临界流动孔径为 52.38～56.34nm。

统计东营凹陷博兴、利津、牛庄洼陷 27 口井的数据可知,沙四上、沙三下泥页岩渗透率为 $(0.000\,85～177.01)\times10^{-3}\mu m^2$,平均 $1.90\times10^{-3}\mu m^2$(张鹏飞等,2019)。

分析东营凹陷页岩岩心实测孔隙度纵向变化可知,沙四上页岩孔隙度 0.3%～36.9%,沙三下页岩孔隙度 0.21%～29.3%。埋深小于 2800m 时,孔隙度随埋深增加而明显减小;埋深大于 3000m 时,孔隙度较为分散,沙三下个别样品孔隙度可超过 29%,沙四上个别样品孔隙度可超过 15%,但总体有先变大、后减小的趋势(图 4-17)。

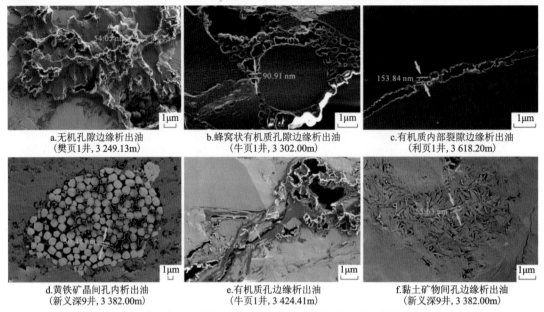

a.无机孔隙边缘析出油
(樊页1井, 3 249.13m)

b.蜂窝状有机质孔隙边缘析出油
(牛页1井, 3 302.00m)

c.有机质内部裂隙边缘析出油
(利页1井, 3 618.20m)

d.黄铁矿晶间孔内析出油
(新义深9井, 3 382.00m)

e.有机质孔边缘析出油
(牛页1井, 3 424.41m)

f.黏土矿物间孔隙边缘析出油
(新义深9井, 3 382.00m)

图 4-16 济阳坳陷沙河街组页岩析出油特征(孔隙边缘亮色裙边为析出油)(据王民等,2019)

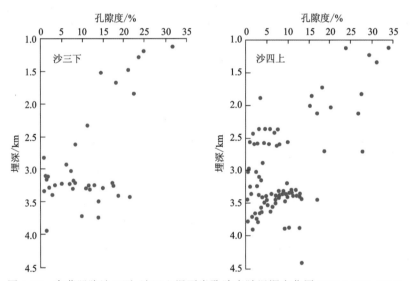

图 4-17 东营凹陷沙三下、沙四上泥页岩孔隙度随埋深变化图(据张林晔等,2014)

沾化凹陷渤南洼陷沙三下亚段为页岩油气主力层系,沉积了温暖湿润气候微咸水半深湖—深湖相厚层泥页岩。统计济页参1井及其他钻井资料可知,沙三下亚段暗色富含有机质泥页岩累计厚度大于300m,单层最厚可达8m;沙三下孔隙度1.3%~13.6%,平均5%;渗透率一般$(0.1\sim10)\times10^{-3}\mu m^2$,平均$7.72\times10^{-3}\mu m^2$。

渤南洼陷南部罗家地区的罗69井沙四上泥页岩孔隙度0.9%~11.5%,平均5.02%;渗透率$(0.01\sim52.2)\times10^{-3}\mu m^2$,平均$6.89\times10^{-3}\mu m^2$。罗69井沙三下泥页岩孔隙度1.2%~15.3%,平均5.56%;渗透率$(0.01\sim760)\times10^{-3}\mu m^2$,平均$9.35\times10^{-3}\mu m^2$(刘毅,2018)。罗

69 井沙三下亚段烃源岩 TOC 为 2%～6%，R_o 为 0.7%～0.93%，为优质烃源岩，以生油为主（图 4-18）。

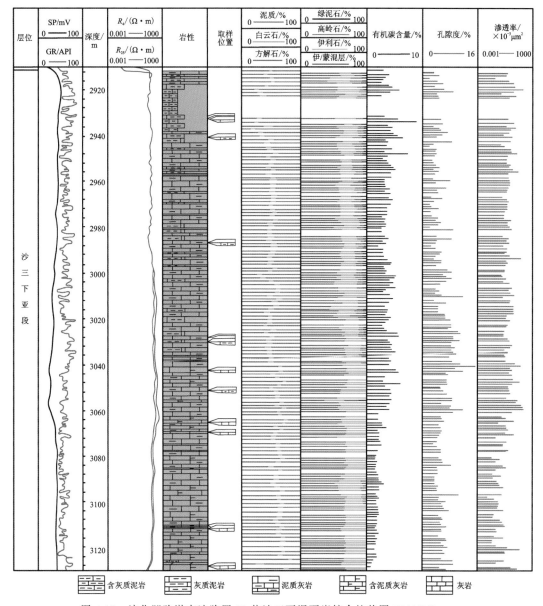

图 4-18　沾化凹陷渤南洼陷罗 69 井沙三下泥页岩综合柱状图(据刘毅等,2017)

五、昌潍坳陷

昌潍坳陷潍北凹陷孔二段泥页岩孔隙度 0.9%～12.2%，平均 5.6%；渗透率(0.01～0.282)×10^{-3} μm^2，平均 0.097×10^{-3} μm^2(纪洪磊等,2017)。昌页参 1 井孔二段孔隙度 4.27%～8.67%，平均 5.62%。扫描电镜观察到矿物晶间孔、矿物颗粒内部溶蚀孔、碎屑表面溶蚀孔、黏土矿物粒间孔和微裂隙。微孔隙大小从几纳米至几百纳米不等(彭文泉,2016)。

六、东濮凹陷

东濮凹陷页岩油主要赋存于沙三段咸水深湖—半深湖—滨浅湖相细粒岩中。东濮凹陷沙三下厚度 300～550m，主要发育为灰色泥岩夹粉砂岩、灰质粉砂岩、泥质粉砂岩，见少量含膏质粉砂岩和含膏质泥岩；沙三中厚度 500～750m，下部以白色盐岩、膏岩为主，上部基本为浅灰色粉砂岩、泥质粉砂岩夹深灰色泥岩、灰质泥岩和油页岩；沙三上厚度 350～450m，主要发育灰色、深灰色泥岩夹薄层粉砂岩。文 410 井在沙三段 3 566.60～3 596.17m 井段，R_o 为 0.59%～0.71%，平均 0.64%，已进入大量生油阶段（冷筠滢等，2022）。

细粒岩是指粒径小于 0.062 5mm 的颗粒含量大于 50% 的沉积岩。细粒岩主要包括泥页岩、泥质粉砂岩、碳酸盐岩、硫酸盐岩和盐岩，主要矿物成分包括黏土矿物、碳酸盐类矿物、长英质矿物 3 类。

在钻井岩心肉眼观察的尺度内，根据层理结构，可将细粒岩划分为三大类：①纹层状细粒岩，层理非常发育，单个层理厚度小于 1mm；②层状细粒岩，层理较发育，单个层理厚度 1～10mm；③块状细粒岩，不见层理（图 4-19）。

a. 文 410 井 3 550.74m，沙三中，块状；b. 文 410 井 3 546.70m，沙三中，层状；c. 卫 457 井 3 676.47m，沙三下，纹层状。

图 4-19　东濮凹陷沙三段细粒岩层理结构分类图（据徐云龙等，2022）

综合矿物成分与层理结构，可将东濮凹陷页岩油层段划分为 8 类岩相（彭君等，2021；徐云龙等，2022），按照储集性能从好到差，分述如下。

(1)纹层状黏土质碳酸盐岩：主要发育于半深湖相，又可细分为纹层状黏土质灰岩、纹层状黏土质白云岩 2 种。纹层发育且连续性好，暗层为富有机质黏土矿物，亮层为碳酸盐矿物，碳酸盐纹层多呈透镜状且相对较厚。储集空间主要为晶间孔、溶蚀孔、层间缝及黏土矿物间微缝。

(2)纹层状碳酸盐质混合岩：主要发育于半深湖相。纹层发育且连续性好，层间生物碎屑发育。浅色层主要是泥晶碳酸盐矿物，深色层主要为富有机质黏土矿物且相对较厚，层内多见草莓状黄铁矿及有机质碎屑。储集空间主要为晶间孔、溶蚀孔、层理缝及黏土矿物间微缝。

纹层状细粒岩孔隙类型多样且发育，主要包括碳酸盐矿物晶间孔、溶蚀孔、黏土矿物片间孔及有机质孔。由于有机质含量相对较高，大量生排烃之后，纹层容易产生增压缝和有机孔，加上大量发育的层理缝和无机孔，孔隙度相对最高，大孔径优势明显，且顺层理方向的水平渗透率比块状、层状细粒岩高十几倍，形成良好的油气储集能力。

(3)层状黏土质混合岩：主要发育于滨浅湖—半深湖相。可见明暗相间的不等厚层理，暗层主要为黏土质矿物、泥晶碳酸盐矿物，亮层主要为长英质矿物。储集空间主要为黏土矿物间微缝及层理缝。

（4）层状长英质黏土岩：主要发育于滨浅湖—半深湖相。可见明暗相间的不等厚层理，暗层黏土矿物含量高，亮层长英质矿物含量高。主要矿物为黏土和长英质。储集空间主要为长石粒内溶蚀孔、粒间次生溶蚀孔、黏土矿物间微缝。

（5）层状黏土岩：主要形成于湖水蒸发浓缩持续变浅的过程中。黏土、长石、石英与碳酸盐矿物混积，局部长石、石英成层分布。主要矿物为黏土。储集空间主要为层理缝及黏土矿物间微缝。

层状细粒岩，层理缝发育，但密度较小，长英质矿物含量较高，有机质含量相对较低，层理缝和超压缝不密集，储集性能一般。

（6）块状长英质混合岩：主要发育于滨浅湖相。各种矿物混杂堆积，无层理构造，长英质矿物含量高。储集空间主要为长石粒内溶蚀孔、粒间次生溶蚀孔、黏土矿物间微缝。

（7）块状碳酸盐岩：主要发育于半深湖相。岩心呈深灰色、灰黑色，无层理构造，裂缝较发育。碳酸盐矿物多呈微晶结构，晶粒间多见暗色有机质条带和分散状黄铁矿。主要矿物为灰岩和白云岩，灰岩较致密，储集空间不发育；白云岩重结晶后发育晶间孔，是主要储集空间。

块状细粒岩，长英质矿物含量高，有机质含量低，晶间孔、粒间孔受碳酸盐岩胶结严重，缝网系统不发育，储集性能较差。

（8）盐岩：主要形成于湖水蒸发浓缩持续变浅的过程中。岩心呈灰色、灰白色。单层厚度 $1.5 \sim 6.0\,\mathrm{m}$。盐岩晶粒较大，呈粗晶—巨晶结构，储集空间不发育。

电镜观察表明，页岩油主要以游离态赋存于粒（晶）间孔、粒内孔、溶蚀孔等大孔隙和连通裂缝中，呈薄膜状、浸染状黏附于矿物颗粒表面，并在裂缝周围富集。粒间孔，如石英粒间孔、方解石粒间孔，等，孔径变化大，在 $0.02 \sim 2\mu m$ 之间均有分布，主要集中于 $30 \sim 200\,\mathrm{nm}$，属于微纳米孔隙。粒内孔，如黏土矿物、黄铁矿、石膏、石盐等颗粒内部的晶间孔隙。微裂缝，主要有颗粒边缘溶蚀缝，例如层理缝、黏土矿物层间缝、脆性矿物边缘成岩收缩缝、构造破裂缝等，裂缝宽度一般在 $1\mu m$ 左右（图4-20）。

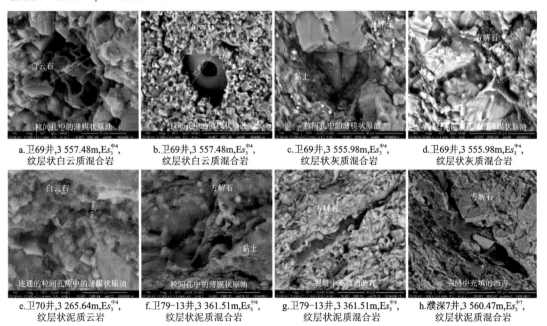

图4-20 东濮凹陷沙三段纹层状细粒岩页岩油赋存空间（据李浩等，2020）

东濮凹陷沙三段有机孔主要出现在 R_o 为 $1.0\%\sim1.6\%$ 时,R_o 最小值为 0.9%。有机孔在有机质内部发育较少,部分集中在有机质边缘,形成近圆形、条形或边缘收缩缝,孔隙较大,一般几十纳米至几微米。有机孔的产生与干酪根热裂解生气量增多密切相关,而东濮凹陷沙三段泥页岩整体成熟度较低,达到热裂解生湿气阶段的范围有限,故有机质孔不发育(图4-21)。

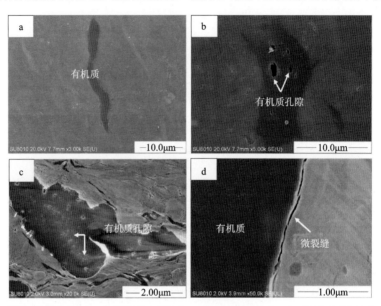

a. W13-54 井 3 229.5m;b. QC2 井 4 526.7m;c. PS4 井 5 189.8m;d. H7-18 井 2 296.8m

图 4-21　东濮凹陷沙三段含盐泥页岩有机质孔扫描电镜图(据巩双依,2020)

微裂隙连通大量无机孔与有机质孔,形成有效的孔缝网络组合,是页岩油发生短距离运移的最重要的渗流通道。

压汞实验表明,纹层状细粒岩孔喉半径相对较大,主要为 $20\sim450nm$,大于 $1000nm$ 的孔喉相对发育;层状细粒岩孔喉半径主要为 $20\sim120nm$,大于 $1000nm$ 的孔喉有发育;块状细粒岩孔喉半径主要为 $10\sim90nm$,大于 $1000nm$ 的孔喉基本不发育。

东濮凹陷古近系细粒岩不同岩相物性差异明显。纹层状细粒岩,孔隙度 $1.9\%\sim4.5\%$,平均 3.80%;垂直渗透率 $(0.000\ 3\sim0.459\ 0)\times10^{-3}\mu m^2$,平均 $0.099\ 0\times10^{-3}\mu m^2$;水平渗透率 $1.450\ 0\times10^{-3}\mu m^2$,物性最好。层状细粒岩,孔隙度 $1.1\%\sim4.2\%$,平均 2.81%;垂直渗透率 $(0.000\ 3\sim0.225\ 0)\times10^{-3}\mu m^2$,平均 $0.041\ 0\times10^{-3}\mu m^2$;水平渗透率 $0.131\ 0\times10^{-3}\mu m^2$,物性次之。块状细粒岩,孔隙度 $0.60\%\sim2.80\%$,平均 1.37%;垂直渗透率 $(0.000\ 2\sim0.145\ 0)\times10^{-3}\mu m^2$,平均 $0.061\ 0\times10^{-3}\mu m^2$;水平渗透率 $0.028\ 9\times10^{-3}\mu m^2$,物性最差(徐云龙等,2022)。

第二节　南襄盆地页岩层系岩相与储集性

南襄盆地泌阳凹陷页岩油主力层段,当前主要集中在核三段Ⅱ、Ⅲ油组的富含有机质泥页岩中,主要包括泥质粉砂岩、粉砂质页岩、隐晶灰质页岩、重结晶灰质页岩、白云质页岩5种岩石类型。

泌阳凹陷核三段泥页岩按层理结构划分为块状、纹层状两大类。根据矿物含量又分为黏土质(黏土矿物含量大于40%)、粉砂质(陆源碎屑含量大于40%)、灰质(碳酸盐岩含量大于30%、方解石含量大于15%)、白云质(碳酸盐岩含量大于30%、白云石含量大于15%)4类。综合层理结构和矿物含量,泌阳凹陷共划分为5种岩相(章新文等,2015),按储集物性从好到差,分述如下。

(1)纹层状灰质页岩:主要发育于半深湖—深湖相,水体安静,受季节等因素影响,发育深浅、细密相间的水平纹层或波状纹层,层面上常见黄铁矿、生物碎屑等,可见水平延伸的层间缝,并伴生被方解石充填的不规则状张裂缝。镜下观察,浅色纹层为灰质纹层,暗色纹层为富含有机质的黏土矿物纹层,浅色纹层厚度稍大于暗色纹层。岩心呈深灰色—灰黑色,碳酸盐岩含量最大,平均35.37%,以方解石为主;长英质矿物含量平均34.89%;黏土矿物含量较少,平均25.62%。根据泌页HF1井岩心样品的核磁实验结果,纹层状灰质页岩孔隙度平均5.9780%,裂缝孔隙度0.0127%,渗透率0.0096×$10^{-3}\mu m^2$,平均孔隙半径0.173μm,为页岩油储集物性最有利的岩相。

(2)纹层状黏土质页岩:主要发育于滨浅湖—半深湖相带浪基面之下,水体略有动荡,水平层理发育,纹层由薄层黏土质、粉砂质不等厚互层而成。岩心呈灰色、深灰色。黏土矿物含量最多,平均42.7%,具弱定向性排列,因富含有机质呈黑色;石英、长石含量居中,平均39.52%;方解石、白云石含量较少,平均14.34%。根据泌页HF1井岩心样品的核磁实验结果,纹层状黏土质页岩孔隙度平均4.7114%,裂缝孔隙度0.0200%,渗透率0.0069×$10^{-3}\mu m^2$,平均孔隙半径0.154μm,储集物性略低于纹层状灰质页岩。

(3)纹层状粉砂质页岩:主要发育于滨浅湖—半深湖相带浪基面之下,水体略有动荡,粉砂质呈薄透镜状、条带状、席状展布,水平层理发育。纹层为含有机质薄层泥岩与薄层粉砂岩不等厚互层,暗色黏土矿物层中可见黄铁矿、菱铁矿和铁白云石等矿物。岩心呈灰色、深灰色。长英质含量最多,平均43.53%;黏土矿物含量中等,平均38.44%,定向性强;碳酸盐岩含量较少,平均14.79%。根据泌页HF1井岩心样品的核磁实验结果,纹层状粉砂质页岩孔隙度平均5.1350%,裂缝孔隙度0.0089%,渗透率0.0035×$10^{-3}\mu m^2$,平均孔隙半径0.113μm,储集物性中等。

(4)纹层状白云质页岩:主要发育于半深湖—深湖相,水体安静,受季节等因素影响,水平层理非常发育,泥晶白云石与黏土矿物纵向频繁叠置形成纹层结构。岩心呈灰色,碳酸盐矿物含量最大,平均36.23%,以白云石为主;长英质矿物含量次之,平均35.34%;黏土矿物含量最少,平均23.94%。根据泌页HF1井岩心样品的核磁实验结果,纹层状白云质页岩孔隙度平均4.5658%,裂缝孔隙度0.0081%,渗透率0.0024×$10^{-3}\mu m^2$,平均孔隙半径0.121μm,储集物性中等偏下。

(5)块状泥岩:主要发育在滨浅湖临近底部浪基面的部位,水体动荡无分层,沉积速率较快,黏土颗粒无明显定向性,水平层理不发育,黏土含量平均42.58%。岩心呈深灰色—灰黑色。根据泌页HF1井岩心核磁实验结果,块状泥岩孔隙度平均4.5552%,裂缝孔隙度0.0065%,渗透率0.0020×$10^{-3}\mu m^2$,平均孔隙半径0.133μm,储集物性最差。

平面上,泌阳凹陷南部深洼区发育纹层状灰质页岩、白云质页岩,向北部滨浅湖相依次发育纹层状黏土质页岩、纹层状粉砂质页岩、块状泥岩等。

泌阳凹陷核三段泥页岩储集空间主要包括微孔隙与裂缝。微孔隙包括粒间孔、晶间孔、粒内溶蚀孔及有机质孔;有机质孔主要为有机质生烃并排出后形成的孔隙。裂缝分为高角度构造缝、水平层理缝及超压微裂缝,以水平层理缝为主,裂缝宽度 0.01～0.08mm,最宽 1mm(图 4-22)。

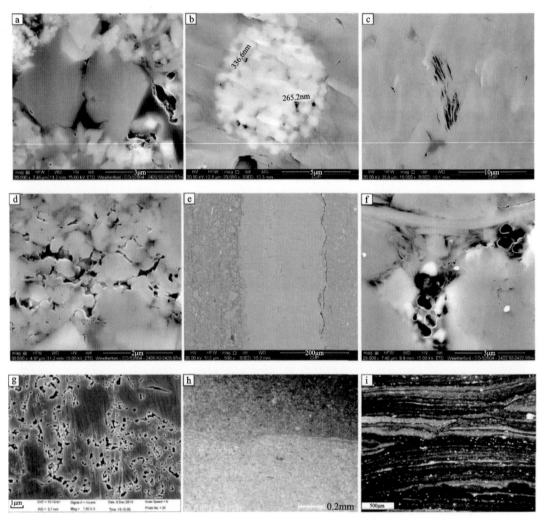

a.2 426.9m,石英粒间孔;b.2 441.6m,黄铁矿晶间孔;c.2 441.6m,黏土矿物晶间孔;d.2 426.9m,方解石晶间孔;

e.2 437.25m,层间微裂缝;f.2 422.92m,有机质内孔;g.2 436.9m,方解石溶蚀孔;h.2433m,矿物收缩缝;i.2 443.3m,

构造微裂缝。

图 4-22 泌阳凹陷泌页 HF1 井核桃园组页岩储集空间(据章新文等,2015)

泌阳凹陷核三段泥页岩有机质孔主要包括有机质边缘收缩孔、有机质溶蚀孔和生烃演化孔。由于核三段页岩大部分 R_o 为 0.6%～0.9%,尚未达到生气窗,故有机质内部蜂窝状的纳米级生烃演化孔较少,而有机质与骨架颗粒接触边缘的长条形、狭缝状的孔隙较多(图 4-23)。安棚深层热演化达到裂解生成凝析油气的程度,有机质孔逐步增多。

岩心核磁共振测试,泌页 HF1 井核三段页岩有效孔隙度 2.73%～12.50%,平均 5.78%;脉冲基质渗透率(0.000 31～0.016 00)×10^{-3} μm^2,平均 0.003 50×10^{-3} μm^2;安深 1 井核三段

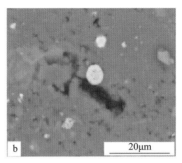

a. 程 2 井 2 823.22m,有机质孔,不发育;b. 程 2 井 2 789.00m,有机质孔,不发育;c. 泌 93 井 3 220.00m,有机质孔,不发育。

图 4-23　泌阳凹陷核桃园组页岩有机孔扫描电镜照片(据冯国奇等,2019)

页岩有效孔隙度 2.06%～11.45%,平均 4.76%;脉冲基质渗透率(0.000 22～0.017 00)× $10^{-3}\mu m^2$,平均 0.003 00×$10^{-3}\mu m^2$(贾艳雨,2019)。

高性能全自动压汞孔隙度仪测试结果表明,泌阳凹陷页岩孔隙中孔径小于 100nm 的孔喉超过了 90%,其中 3～10nm 的孔喉占 43%(柯思,2017)。

第三节　江汉盆地页岩层系岩相与储集性

潜江凹陷页岩油主要富集在潜三下、潜四下亚段盐间韵律层的细粒岩中,当前的研究重点是潜三段 4 油组第 10 个韵律小层,即潜 3_4^{10} 韵律层。根据蚌页油 1 井、蚌页油 2 井、王 99 井、蚌 X7 井钻井取心揭示,潜 3_4^{10} 韵律盐间页岩层段厚度在 10m 左右。

盐间韵律层中的细粒岩,矿物成分主要包括三大类,分别是碎屑类矿物石英、长石、黏土,碳酸盐类矿物方解石、白云石,以及盐类矿物钙芒硝、硬石膏、石盐。以 TOC=2.0% 为界,结合纹层发育程度及矿物含量,可将潜江凹陷盐间细粒岩划分为 4 种岩相类型(沈均均等,2021;刘心蕊等,2021)。潜 3_4^{10} 韵律层的岩相变化顺序总体为:下部为钙芒硝充填富碳纹层状白云质泥岩,中部为富碳纹层状灰质/白云质泥岩,上部为富碳纹层状泥质白云岩,韵律层顶底均被稳定分布的厚层盐岩封隔(图 4-24)。

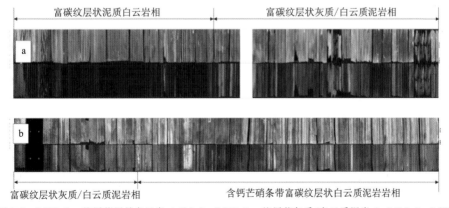

a. 2 813.7～2 816.2m,纹层状泥晶白云岩;2 816.2～2 819.3m,纹层状灰质/白云质泥岩;b. 2 819.3～2 820.43m, 纹层状灰质/白云质泥岩;2 820.43～2 823.78m,含钙芒硝条带纹层状云质泥岩。

图 4-24　潜江凹陷潜江组盐间泥页岩段岩心照片(图版上部为白光照片,下部为荧光照片,据刘心蕊等,2021)

(1)富碳纹层状泥质白云岩:主要发育在潜 3_4^{10} 韵律的中上部,纵向上表现为黄褐色白云岩与灰褐色泥质条带不等厚互层。岩心多呈深灰色、黄褐色,油浸现象明显。根据王99、蚌页油2、蚌页油1、王页11、蚌斜7等井岩心分析,白云石含量最高,分布范围20.0%~42.0%,平均30.5%;其次为黏土矿物,含量18.0%~33.0%,平均25.4%,长英质矿物含量较低,含有少量钙石盐、黄铁矿及石膏等蒸发岩类。有机质含量较高,TOC 为 3.3%~6.3%,平均4.7%。据扫描电镜观察,白云岩以泥晶结构为主,微晶极少,晶体大小 3~5μm,晶间孔发育。根据王99、蚌页油2、蚌页油1、蚌斜7等井的岩心分析,富碳纹层状泥质白云岩,氦气孔隙度23.83%;据高压压汞测试,富碳纹层状泥质白云岩相孔喉半径 6~410nm,半径中值219nm,孔径大于41nm 的孔隙占81%,压汞孔隙度为 19.07%。根据王99井、蚌页油2井14块样品分析,富碳泥质白云(灰)岩,孔隙度10.78%~26.30%,平均15.96%;渗透率(0.05~23.68)×$10^{-3}μm^2$,平均 4.25×$10^{-3}μm^2$。该类岩相储集性能最为有利。

(2)富碳纹层状云/灰质泥岩相:主要发育在潜 3_4^{10} 韵律中部,暗色的富碳质纹层与亮色的云质/灰质纹层间互,层间缝较为发育,荧光下纹层内部可见波状有机质条带,白云/灰质纹层厚度小于1mm。岩心整体呈灰褐色或黄褐色。黏土矿物含量最高,分布在21.0%~40.0%之间,平均33.4%;白云质泥岩中,白云石含量平均23.5%,方解石含量18.3%;灰质泥岩中,方解石含量35.8%,白云石含量7.3%;长英质、蒸发盐类矿物含量较低。有机碳含量较高,TOC 为 1.1%~5.7%,平均3.2%。富碳纹层状白云质/灰质泥岩,氦气孔隙度29.38%;富碳纹层状灰质泥岩孔喉半径 6~64nm,半径中值21nm,孔径大于41nm 的孔隙占18%,压汞孔隙度 25.17%。根据蚌页油2井5块样品分析,富碳白云质泥岩,孔隙度 5.21%~23.83%,平均10.98%;渗透率(1.33~9.89)×$10^{-3}μm^2$,平均 3.65×$10^{-3}μm^2$。该类岩相储集性能中等。

(3)钙芒硝充填富碳纹层状白云质泥岩:主要发育在潜 3_4^{10} 韵律层底部。钙芒硝成核,直径较小,一般小于3mm,多数 0.02~0.20mm,成层性好,密度较高,常呈薄条带状夹于白云质泥岩中,刺穿上下围岩并导致围岩弯曲变形。岩心以灰—浅灰色为主。矿物成分以钙芒硝为主,含量 5.0%~54.0%,平均33.3%;其次为黏土矿物,含量 13.0%~29.0%,平均22.5%;白云石含量11.0%~35.0%,平均22.5%;长英质、方解石含量相对较低。有机质含量较低,TOC 为 0.4%~5.1%,平均1.8%。钙芒硝充填富碳纹层状白云质泥岩,氦气孔隙度约14.97%;孔喉半径 6~64nm,半径中值21nm,孔径大于41nm 的孔隙占27%,压汞孔隙度13.40%。根据蚌页油2井3块样品分析,钙芒硝充填富碳白云质泥岩孔隙度 3.58%~5.25%,平均4.42%。在盐间页岩油层段中属于较差的岩相类型。

相比较而言,纹层状泥页岩储层物性较好,而块状泥岩物性较差。其中,含碳块状白云质/灰质泥岩,平均孔隙度4.86%,渗透率为 0.57×$10^{-3}μm^2$;含碳钙芒硝充填块状白云质泥岩,孔隙度5.89%,渗透率为0.26×$10^{-3}μm^2$(王韶华等,2022)。

潜江凹陷潜江组泥页岩储集空间主要包括白云石晶间孔、钙芒硝晶间孔、黏土矿物层间孔、次生晶间溶孔、层理缝、构造破裂缝等类型。部分孔隙被盐岩充填(图4-25)。有机孔不发育,可能与热演化程度较低有关,R_o 为 0.3%~0.8%,以生油为主。

电镜观察表明,白云石晶间孔,是晶体间未被胶结物充填的部分,孔径 1~6μm,孔隙以不规则多边形为主,晶间孔在盐间页岩中广泛发育,是主要的储集空间之一。白云石晶间溶孔,由烃类酸性流体溶解白云石晶粒或晶粒之间的胶结物而成,形态极不规则,边缘有溶蚀痕迹,

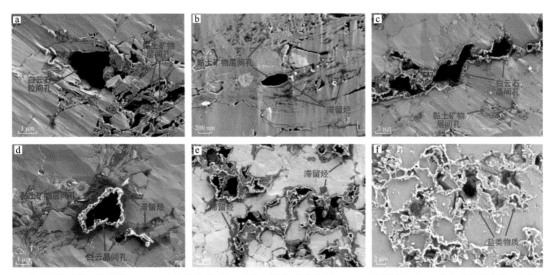

a.白云石粒间孔,孔径最大 2μm,未见滞留烃,黏土矿物层间孔孔径小于 200nm,可见滞留烃;b.黏土矿物粒间孔,可见滞留烃富集,孔径最大 500nm,大部分小于 200nm;c.白云石晶间孔,可见大量滞留烃;d.白云石晶间孔,孔径最大 2μm,部分小于 200nm,可见滞留烃富集;e.抽提前,滞留烃赋存在碳酸盐晶间孔、粒间孔和黏土矿物层间孔中;f.抽提后,孔隙周围有盐类析出。

图 4-25　潜江凹陷潜江组 3_4^{10} 韵律页岩样品场发射扫描电镜图像(据曾宏斌等,2021)

孔径 5～10m,极少发育,连通性差。白云石粒间孔,孔径 10～1000nm,主要集中在 50～200nm 之间,部分可达微米级,孔隙形态多样,以椭圆形和不规则形为主,对储集空间贡献大。黏土矿物粒间孔,孔径 10～100nm,孔隙呈片状、狭缝状以及锥状。构造缝,均为平直高角度缝,未见相交,一期成缝、一期充填,对储层贡献不大。溶蚀缝,构造缝内充填物被溶蚀而成,可增加局部的连通性,发育规模较小。层理缝,受溶蚀作用发育在薄层碳酸盐岩与泥质岩之间,极易形成,部分被钙芒硝等盐类充填。

王 99 井潜 3_4^{10} 韵律层段层理缝、微裂缝密度高达 138～252 条/m(李志明等,2020)。

潜江凹陷盐间页岩油储集空间主要为孔径 2～180nm 的黏土矿物层间孔和白云石晶间孔。靠近物源区,黏土矿物发育,滞留烃主要赋存在 2～20nm 的黏土矿物层间孔;远离物源,白云石更发育,滞留烃主要赋存在 8～100nm 的白云石晶间孔中(曾宏斌等,2021)。统计潜江凹陷 58 口页岩出油井,中值孔喉半径一般大于 50nm。压汞实验表明,最小可退汞的孔喉半径为 40nm。室内核磁测试表明,样品驱替前后,孔喉半径在 40nm 左右变化明显。以上方法均证实,潜江凹陷盐间可动页岩油的孔喉半径在 40nm 左右(管文静,2020)。

潜 3_4^{10} 韵律层 34 块样品实验显示,盐间页岩油储层孔隙度 3.45%～31.06%,平均 20.5%;渗透率(0.01～3.35)×$10^{-3}μm^2$,平均 0.94×$10^{-3}μm^2$(范仕超,2020)。王场地区盐间层孔隙度 4.6%～26.3%,平均 19.7%;渗透率(0.79～0.95)×$10^{-3}μm^2$,平均 0.85×$10^{-3}μm^2$;蚌湖向斜地区孔隙度 1.1%～29%,平均 10%;渗透率(0.04～0.95)×$10^{-3}μm^2$,平均 0.43×$10^{-3}μm^2$(管文静,2020)。根据王 99、蚌页油 2、蚌页油 1、蚌斜 7 等井岩心分析,潜 3_4^{10} 韵律盐间页岩储层孔隙度 1.9%～31.3%,平均 10.16%;渗透率(0.06～5.1)×$10^{-3}μm^2$,平均 1.63×$10^{-3}μm^2$(刘心蕊等,2021)。潜江凹陷潜江组盐间页岩储层孔隙度 4.6%～14.9%,平均 9.5%;渗透率(0.3～11.5)×$10^{-3}μm^2$,平均 1.2×$10^{-3}μm^2$(王韶华等,2022)。

脉冲压力衰减法测试潜江凹陷蚌页油 2 井潜四段页岩油储层 15 个样品,结果显示水平渗透率$(0.002\,2\sim24.900\,00)\times10^{-3}\mu m^2$,垂直渗透率$(0.000\,02\sim0.002\,50)\times10^{-3}\mu m^2$。常压条件下,层理缝发育时,盐间页岩油储层水平渗透率高于垂直渗透率 5 个数量级;层理缝不发育时,水平渗透率比垂直渗透率高 20 倍左右(沈云琦等,2022)。

第四节　苏北盆地页岩层系岩相与储集性

苏北盆地阜二段、阜四段是页岩油主力层系。

阜二段泥页岩主要形成于深湖—半深湖,以发育灰黑色页岩、灰质泥页岩、白云质或粉砂质泥岩等为主,沉积稳定,自上而下划分为 5 个亚段,横向可对比性强,是页岩油研究的重点(图 4-26)。

a.①亚段深灰色块状泥岩;b.②亚段深灰色灰质泥岩;c.③亚段灰黑色纹层状灰质泥岩;d.④⑤亚段纹层状泥质灰岩。

图 4-26　溱潼凹陷阜二段泥页岩岩心照片(据昝灵等,2021)

阜二段①亚段(相当于"泥脖子"):位于阜二段上部,在溱潼凹陷为灰黑色泥岩、深灰色块状泥岩,顶部夹少量粉砂质泥岩。黏土矿物含量最高,平均 47.7%;石英次之,平均 32.5%;长石 3.4%,碳酸盐矿物 12.7%。孔隙度 2.4%~7.8%,平均 5.0%,平均渗透率 $0.03\times10^{-3}\mu m^2$;

阜二段②亚段(相当于"王八盖"段):位于阜二段中上部,在溱潼凹陷为厚层块状灰质泥岩,黏土矿物含量最高,平均 40.5%;石英次之,平均 23.1%;碳酸盐矿物 25.8%,长石 4.9%。孔隙度 1.5%~3.7%,平均 2.1%,平均渗透率 $0.003\times10^{-3}\mu m^2$;

阜二段③亚段(相当于"七尖峰""四尖峰"段):位于阜二段中部,在溱潼凹陷为灰黑色泥岩与泥灰岩互层,纹层发育,成像测井显示纹层厚度 0.2~0.5mm,孔隙度 2.2%~5.3%,平均 3.9%,平均渗透率 $0.085\times10^{-3}\mu m^2$;

阜二段④亚段(相当于"上山字"段):位于阜二段中下部,在溱潼凹陷主要为灰质泥岩、泥灰岩,夹少量粉砂质泥岩,纹层发育,成像测井显示纹层厚度 0.2~0.5mm,孔隙度 1.9%~5.5%,平均 3.4%,平均渗透率 $0.12\times10^{-3}\mu m^2$;

阜二段⑤亚段(相当于"中山字""下山字"段):位于阜二段下部,溱潼凹陷主要为灰质泥岩、泥灰岩,夹少量粉砂质泥岩,纹层发育,成像测井显示纹层厚度 0.2~0.5mm,纹层密度 45 层/m,孔隙度 2.0%~5.7%,平均 3.85%,平均渗透率 $0.10\times10^{-3}\mu m^2$。

高邮凹陷深洼区—内斜坡阜二段①②亚段储集性能较好,黏土矿物片(层)间孔、晶(粒)间孔、裂缝发育;③④亚段以裂缝为主,孔隙相对不发育。溱潼凹陷③~⑤亚段发育纹层状灰质泥岩、泥灰岩,储层物性优于厚层状、块状泥岩、灰质泥岩的①②亚段。

对苏北盆地重点凹陷 70 口钻井采集的 395 件样品进行全岩和黏土 X 射线衍射分析。阜二段泥页岩段,以碳酸盐矿物和黏土矿物为主,黏土矿物含量 28.2%～32.2%,石英和方沸石含量次之,少量黄铁矿、长石,微量石膏。阜二段脆性矿物含量 49.3%～64.5%,平均 53.1%。阜四段泥页岩段,以黏土矿物为主,含量 38.7%～53%,次为石英和碳酸盐矿物,少量长石、黄铁矿和石膏,未见方沸石;黏土矿物以伊/蒙混层为主,伊利石次之,高岭石和绿泥石较少。阜四段脆性矿物含量 40%～52.8%,平均在 40% 以上(芮晓庆等,2020)。

苏北盆地阜二段和阜四段泥页岩储集空间以微孔隙、裂缝为主。

微孔隙包括粒(晶)间孔、粒(晶)内溶孔、有机质孔等。溱潼凹陷阜二段泥页岩以微孔—中孔为主,孔径范围 0.1～0.5μm(姚红生等,2021)。

粒(晶)间孔广泛发育,例如白云石晶间孔、黏土矿物晶间孔等,是主要的微孔隙类型,孔径通常数百纳米至微米级。

粒(晶)内溶孔主要由烃类酸液溶蚀而成,溶蚀程度增强,连通性增加。黄铁矿晶内孔隙呈多边形—椭圆形,直径平均 200nm 左右。

富有机质纹层状泥页岩微裂缝、层理缝和溶孔较发育,与块状泥页岩相比,储集性能更好,渗透率是后者的十倍以上,层理缝(纹层面)是页岩油流动的有利通道。

电镜观察,金湖凹陷北港次洼阜二段③、④亚段泥灰岩纹层发育,层厚约 60μm;发育多条近乎平行的层理缝,缝宽 10～15μm(昝灵,2020)。

阜二段、阜四段泥页岩总体处于生油窗内,有机质孔不发育,仅见到少量原生有机孔隙,在有机质颗粒与无机矿物颗粒之间见到宽 20～100nm 的有机质收缩缝(图 4-27)。

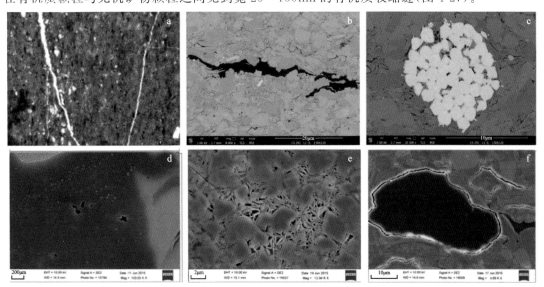

a.高邮凹陷临 1 井阜二段 2 723.0m,灰色灰质泥岩,微裂缝;b.高邮凹陷富深 X1 井阜四段 3 328.4m,灰黑色泥岩,层理缝;c.高邮凹陷临 1 井阜二段 2 723.0m,灰色灰质泥岩,黄铁矿晶内孔;d.金湖凹陷河参 1 井阜二段 3 183.5m,灰色泥岩,有机质孔;e.盐城凹陷新洋 1-5L 井阜二段 1 686.9m,白云石黏土矿物晶间孔;f.高邮凹陷联 5-8L 井阜四段 2 104.2m,黑色泥岩,有机质收缩缝。

图 4-27　苏北盆地阜二段、阜四段泥页岩裂缝和孔隙类型图(据芮晓庆等,2020)

　　对苏北盆地重点凹陷 70 口钻井 395 件泥页岩样品实验分析,阜二段实测孔隙度平均 10.1%,渗透率$(0.004 \sim 25.2) \times 10^{-3} \mu m^2$,平均 $6.32 \times 10^{-3} \mu m^2$;阜四段实测孔隙度平均 16.52%,渗透率(仅溱潼凹陷样品)$0.023 \times 10^{-3} \mu m^2$(芮晓庆等,2020)。氦气孔隙度以及脉冲渗透率分析表明,苏北盆地阜二段页岩油储层孔隙度 0.18%~7.82%,平均 2.14%;渗透率 $(0.000002 \sim 11.73) \times 10^{-3} \mu m^2$,平均 $0.13 \times 10^{-3} \mu m^2$(赖锦等,2022)。

　　高邮凹陷深洼区—内斜坡阜二段页岩段孔隙的孔径 $0.3 \sim 8.2 \mu m$,孔隙度 1.3%~3.21%。裂缝较发育,包括正向剪切缝、层理缝、溶蚀(微)缝等类型,共有 5 期,裂缝开度 60~200μm,部分被硅质和暗色有机质充填(付茜等,2020)。

　　金湖凹陷北港次洼阜二段泥灰岩实测孔隙度 4.24%~8.76%,平均 7.04%;渗透率 $(0.005 \sim 84.9) \times 10^{-3} \mu m^2$。无天然裂缝发育段泥灰岩渗透率小于 $0.01 \times 10^{-3} \mu m^2$,孔隙连通性较差。3695~3720m 裂缝发育段,实测渗透率 $84.9 \times 10^{-3} \mu m^2$(昝灵,2020)。

　　溱潼凹陷阜二段页岩油层段岩性主要为泥岩、含灰泥岩、灰质泥岩、灰云质泥岩,埋深超过 3500m。由于测试样品不同,不同研究者给出的孔渗区间不同,典型的如:孔隙度 3.49%~19.9%,平均 8.9%,渗透率 $(0.02 \sim 14.1) \times 10^{-3} \mu m^2$,大多数渗透率较低(昝灵等,2021);孔隙度 1.5%~7.8%,平均 3.9%,渗透率 $(0.003 \sim 0.12) \times 10^{-3} \mu m^2$(姚红生等,2021);孔隙度 1.50%~7.80%,平均 3.65%,渗透率 $(0.003 \sim 0.440) \times 10^{-3} \mu m^2$(李小龙等,2022)。

第五章　含油气性与流动性

页岩油具有游离态和吸附态 2 种赋存形式,游离态主要赋存于较大孔隙及裂缝中,吸附态主要吸附在干酪根、矿物表面及小孔径中。当前,只有游离态的页岩油才是能够有效采出的部分。在热演化程度达到裂解生气时,页岩气还会以极少量溶解态的形式存在于干酪根、沥青、水和石油中。

一、含油气性

页岩含油气性主要用页岩油含油气量表示。

页岩油含油量,是指每吨岩石中所含原油折算到标准稳压条件下(101.325kPa,25℃)的原油质量百分比,计量单位为%。目前的主要测试方式有低温干馏实测法、地球化学法(氯仿沥青"A"抽提、岩石热解)、含油饱和度法、测井解释法等。

页岩气含气量,是指每吨岩石中所含气量折算到标准稳压条件下(101.325kPa,25℃)的天然气体积,计量单位为 m^3/t。目前的主要测试方式有两种,一是通过等温吸附试验测定吸附气量,二是通过现场解析法测定总的含气量。

页岩含油气量,反映了泥页岩储集油气的能力,是直观表征页岩油气富集程度的重要指标,也是资源量计算、产能预测的主要参数。

各盆地用于表征页岩含油气性的指标不尽相同。辽河坳陷主要用含油量、含气量表示,其中,岩心样品实测沙三段、沙四段泥页岩含油率 0.05%～1.08%,平均 0.27%;等温吸附试验沙河街组泥页岩含气量 0.65～5.11m³/t,平均 2.09m³/t。

渤海湾盆地东濮凹陷、江汉盆地表征页岩油含油性的参数较多。例如,东濮凹陷文 410 井沙三中荧光含油率 0.10～45.58mg/g,平均 7.52mg/g;S_1 为 4.55～20.14mg/g,平均 10.74mg/g;含油饱和度指数 OSI 为 140～422mg/g,平均为 253mg/g。潜江凹陷潜三段 4 油组 10 韵律层的 S_1 为 2.73～28.47mg/g,平均 14.14mg/g;实测含油饱和度 52.5%。

二、可动性

页岩油气可动性是陆相页岩油富集高产的关键,通常用游离烃含量 S_1、含油饱和度指数 OSI 表示,有时也用气测全烃值表示。

游离烃含量 S_1 是岩石在热解仪中加热到 300℃时获取的烃类组分,既包括轻质油也包括中质油,可表示目前技术条件下的主要可动量,可以采用页岩滞留油量与吸附油量的差值进行计算。

含油饱和度指数OSI,即单位质量有机碳中的游离烃含量。当岩石热解测得的含油量S_1超过TOC含量时,所含页岩油就具有产出能力,此时,可以用含油饱和度指数OSI来表征,OSI=$(S_1 \times 100)$/TOC。当OSI>100mg/g时,表示泥页岩的含油量满足了干酪根及矿物的吸附量(70~80mg/g),认为页岩具有产油潜力。有时也认为,当OSI>75mg/g时,页岩油具有产出能力;OSI>100mg/g时,页岩层产出页岩油的能力良好。

气测全烃直接在井口检测获取,且组分在C5以下,能反映原油中轻质组分的含量。

游离烃含量S_1常用于表征页岩油的可动性。例如,沧东凹陷孔二段页岩S_1平均3.45mg/g,歧口凹陷沙一段泥页岩样品S_1平均2.5mg/g。济阳坳陷东营凹陷博兴洼陷樊页1井沙三下—沙四下泥页岩段S_1为1.17~8.7mg/g,平均3.23mg/g;沾化凹陷罗69井沙三下页岩段S_1为1.71~10.22mg/g,平均4.97mg/g。

冀中坳陷用弹性可动油率表征页岩油的可动性,例如,饶阳凹陷沙一下层状泥页岩弹性驱可动油率为0.79%~3.00%,平均1.79%;块状泥页岩弹性驱可动油率为1.51%~8.00%,平均4.38%。济阳坳陷东营凹陷沙四上、沙三下泥页岩弹性可动油率为4%~10%。

在东濮凹陷、潜江凹陷、高邮凹陷,利用游离烃含量S_{1-1}、S_{1-2},吸附烃组分S_{2-1}组合成可动系数判断页岩油的可动性,濮卫与文留地区沙三中、下亚段页岩油可动系数主要分布在5%~25%之间,平均9.9%。潜江凹陷潜三段4油组10韵律层的可动系数0.09%~0.35%,平均0.23%。高邮凹陷阜二段①~④亚段可动系数1.06%~1.38%,平均1.72%。

在南襄盆地,利用生烃转换效率表征页岩油可动性,例如,泌阳凹陷核三段页岩油可动性界限为S_1/TOC×100=60mgHC/gTOC、氯仿沥青"A"/TOC=0.2。

在苏北盆地溱潼凹陷,利用含油饱和度指数OSI表征页岩油可动性,例如,阜二段①亚段OSI平均84mg/g、②亚段OSI平均128mg/g、③亚段OSI平均92mg/g、④亚段OSI平均98mg/g、⑤亚段OSI平均72mg/g。

第一节　渤海湾盆地页岩层系含油气性与流动性

一、辽河坳陷

钻井证实,辽河坳陷沙三段、沙四段既发育页岩油,也发育页岩气。页岩气主要发育在埋深较大、热演化程度较高的中深层,以裂解气为主(陈建平等,2014;单衍胜等,2016;毛俊莉,2020)。例如,双兴1井沙三段4100~4850m的页岩R_o为1%~2%,取心观察与解吸气量分析,在纹层状长英型页岩、韵律层理页岩、粉砂岩与页岩互层中发现大量页岩气。

利用实测法对27个样品进行页岩油含油量测试,辽河坳陷沙三段、沙四段1323~4730m深度段泥页岩含油率0.05%~1.08%,平均0.27%。其中,大民屯凹陷平均0.37%,西部凹陷平均0.31%,东部凹陷0.22%。地球化学法测定含油量较小,辽河坳陷0.07%~0.67%,平均0.26%;其中,大民屯平均0.26%、西部凹陷平均0.23%、东部凹陷平均0.17%。

等温吸附试验表明,辽河坳陷沙河街组泥页岩含气量 $0.65 \sim 5.11 m^3/t$,平均 $2.09 m^3/t$。其中,东部凹陷吸附气含量 $0.65 \sim 5.11 m^3/t$,平均 $2.32 m^3/t$;西部凹陷吸附气含量 $1.51 \sim 3.05 m^3/t$,平均 $1.86 m^3/t$。

现场解吸实验表明,辽河坳陷西部凹陷曙古 165 井、雷 84 井、雷 52 井沙三段 $2430 \sim 2780m$ 深度段 7 块样品含气量 $1.387 \sim 11.834 m^3/t$,平均 $5.626 m^3/t$。其中,雷 84 井气体组分测试表明,甲烷含量 $83.5 \sim 92.5\%$,另外还含有一定量的乙烷、丙烷、丁烷、戊烷等重烃,气体密度较大,证实为油伴生气。

辽河坳陷西部凹陷沙三段页岩含气量,现场解吸气量 $3.53 \sim 5.38 m^3/t$,其中,清水洼陷双兴 1 井解吸含气量 $2 \sim 6 m^3/t$(R_o 为 $1\% \sim 2\%$);等温吸附气量 $1.51 \sim 3.05 m^3/t$,平均 $1.86 m^3/t$。

对辽河坳陷西部凹陷冷 97、杜 22、兴西 2、欢南 7、双 202、曙古 165、雷 37 等 7 口井沙三段、沙四段 $1380.17 \sim 4730m$ 深度段 12 块岩心样品进行含油量测定,实测含油量 $0.44\% \sim 8.07\%$,平均 1.41%;氯仿沥青"A"法含油量 $0.02\% \sim 1.2\%$,平均 0.8%;热解法含油量 $0.004\% \sim 5.2\%$,平均 1.01%。

统计表明,辽河坳陷西部凹陷页岩含油量与 TOC 之间呈正相关关系(图 5-1)。其中,沙四段含油量增加速度明显大于沙三段。原因是,沙四段泥页岩发育于咸水—半咸水环境,有机质丰富导致 TOC 含量高,碳酸盐矿物含量高加快了干酪根缩合脱氢作用,导致热演化生烃能力也强。

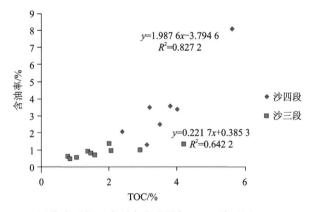

图 5-1 辽河坳陷西部凹陷页岩含油量与 TOC 关系图(据毛俊莉,2020)

在辽河坳陷西部凹陷页岩层段,进入生油窗之后,含油量随 R_o 增加而增加;当 $R_o > 0.6\%$ 时,含油率随 R_o 增大而快速降低,而吸附气则随 R_o 增大而增大。当 $R_o > 1.2\%$ 时,原油开始裂解并进入生气高峰,含气量急剧增加,并与 R_o 呈正相关关系(图 5-2)。

辽河坳陷西部凹陷 1302 个样品分析表明,埋深 2800m 时,生烃潜力指数一般 $200 \sim 650mg/gTOC$,最大 $1050mg/gTOC$。开始明显下降的深度在 3200m 左右,至 4700m 时最大仅为 $100mg/gTOC$ 左右。

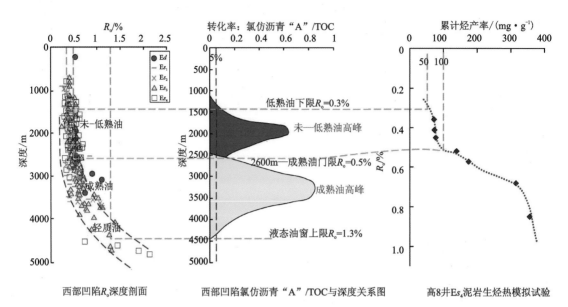

图 5-2　辽河坳陷西部凹陷富有机质页岩油气生成过程分析图(据毛俊莉,2020)

二、黄骅坳陷

在沧东凹陷,针对孔二段页岩样品进行热模拟实验证实,在 $R_o＝0.5\%$ 时,排烃效率不到 10%;$R_o＝0.80\%$ 时,排烃效率仅达到 15%。这是由于在低演化阶段,生油量较少,大部分被干酪根吸附,无法流动(周立宏等,2018)。

干酪根溶胀实验表明,沧东凹陷孔二段页岩 $R_o＜0.6\%$ 时,生成的油气主要被干酪根吸附;R_o 为 $0.6\%～1.2\%$ 时,残留烃量最大;$R_o＝0.8\%$ 时,达到生烃高峰,页岩产烃率最大为 500mg/g(周立宏等,2018)。

沧东凹陷孔二段页岩的游离烃含量 S_1 平均 3.45mg/g。孔二段 209 块页岩样品统计表明,孔隙度越小,S_1 值越低(图 5-3)。孔隙度大于 8% 时,$S_1＞5mg/g$;孔隙度大于 6% 时,$S_1＞4mg/g$;孔隙度大于 4% 时,$S_1＞2mg/g$;孔隙度大于 2% 时,$S_1＞1mg/g$。

根据日产油量分析,沧东凹陷孔二段页岩油 TOC 下限定为 1.0%,Ⅰ类"甜点区"TOC 界限为 2.0%(图 5-4)。

官 77 井孔二段 2 106.8m 深度 TOC＝5.24% 的岩心样品干酪根溶胀吸附实验表明,中等演化阶段页岩吸附量平均为 100mg/g,即每克有机质最多可以吸附 100mg 液态烃,根据 TOC 下限 1.0%,可以确定 S_1 最低应满足页岩自身吸附的量,即 S_1 可动油的下限值为 1.0mg/g(韩文中等,2021)。

官西地区官 108-8 井孔二段 1 油组 207 块样品分析表明,S_1 值总体较低,S_1 高值集中在白云岩段。官东地区官东 14 井孔二段 1 油组 112 块样品分析表明,S_1 值较高,滞留的游离烃是官西地区的 6～7 倍(周立宏等,2018)。

热模拟结果显示,沧州凹陷孔二段优质烃源岩 $R_o＜0.5\%$ 的低熟阶段,产烃率约 150mg/g;成熟阶段产烃率最高 560mg/g,平均 300mg/g;页岩层系滞留烃最高 420mg/g,平均 200mg/g。

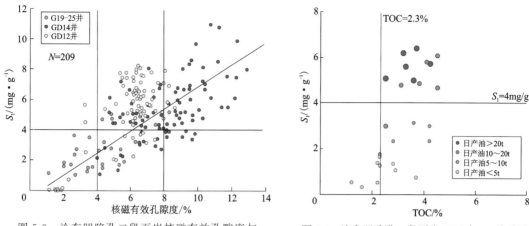

图 5-3　沧东凹陷孔二段页岩核磁有效孔隙度与
S_1 关系图(据韩文中等,2021)

图 5-4　沧东凹陷孔二段页岩 TOC 与 S_1 关系图
(据韩文中等,2021)

页岩层系 R_o 为 0.6%~1.2% 的热演化阶段内,滞留烃与排出烃之比约为 2:1,证实了页岩油巨大的勘探潜力(蒲秀刚等,2019)。根据沧东凹陷官 77 井孔二段 2 106.8m,TOC= 5.24% 的岩心样品进行热模拟及干酪根溶胀实验,R_o 为 0.6%~1.2% 时,滞留可动烃量为 7.4%~60.0%;R_o 为 0.7%~1.0% 时,滞留可动烃量最高,超过总生烃量的 40%(图 5-5)。

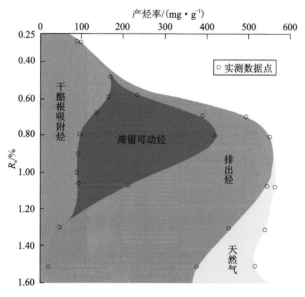

图 5-5　官 77 井页岩热模拟生排烃曲线(据赵贤正等,2020)

统计沧东凹陷 15 口直井、16 口水平井页岩油试油日产油与埋藏深度(垂深)关系表明,深度 2500~3900m 时,日产油与埋藏深度存在正相关关系,日产油大于 10t 的基本都在 3300m 以深,埋深大于 3700m 之后气油比升高,有利于原油渗流。埋深大于 3900m,日产油随埋深增大反而降低,说明排出烃增多、滞留烃减少(图 5-6)。

从沧东凹陷孔二段页岩油直井试油日产量与至断层距离的统计结果可以看出,距离断层越远,日产量越低。如官 1608 井距离断层 150m,试油产量高达 47.1t/d(图 5-7)。

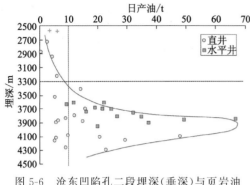

图 5-6　沧东凹陷孔二段埋深(垂深)与页岩油
试油日产量关系(据赵贤正等,2020)

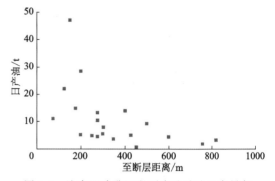

图 5-7　沧东凹陷孔二段页岩油试油日产量与
至断层距离关系(据赵贤正等,2020)

　　根据沧东凹陷投产井分析,页岩油生产需要经过闷井、排液、钻塞、解堵、下泵等多个环节,经历自喷与机械采油两个阶段。其中,自喷阶段产量呈指数递减,水平段 400～600m 预计自喷 4～6 个月,水平段 1000m 以上预计自喷期 10～18 个月,折算递减率 60%～85%(图 5-8)。机械采油阶段可分为台阶状递减阶段和稳定生产阶段,台阶状递减阶段产量达最高值后开始递减(10 个月时间),平均递减率 53.7%,月递减 7.8%;当月递减率小于 3% 时,进入稳定生产阶段,月递减率在 1.5%～3.0% 时,稳产期较长(图 5-9)。

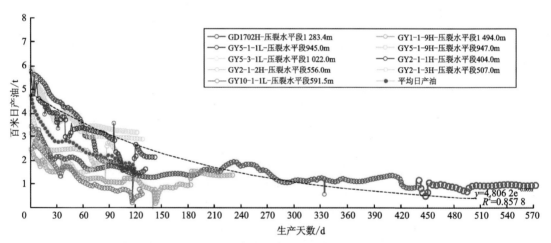

图 5-8　沧东凹陷孔二段页岩油稳产井自喷阶段日产油量变化图(据赵贤正等,2022a)

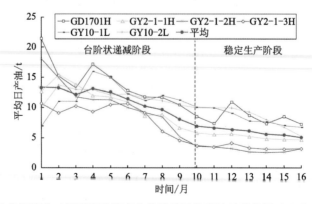

图 5-9　沧东凹陷孔二段页岩油稳产井机械采油月产油量变化图(据赵贤正等,2022a)

在歧口凹陷,对 F39x1 井沙三段一亚段深度 4 380.22m 的泥页岩密闭取心样品进行核磁共振分析,核磁孔隙度 3.5%,含水饱和度 52.4%,含油饱和度 29.2%,可动油率 6.22%(周立宏等,2021)。对歧口凹陷沙一段泥页岩样品进行岩石热解实验和岩心荧光扫描、岩石薄片荧光观察表明,沙一段页岩普遍含油,S_1 含量平均 2.5mg/g,最高 14.6mg/g。歧页 1H 井钻遇沙一段甜点段 S_1 平均含量达 4.4mg/g(赵贤正等,2022a)。

歧口凹陷 1032 个样品分析表明,埋深 3000~3500m 的未成熟—低成熟烃源岩,生烃潜力指数主要分布在 200~900mg/gTOC 之间,部分大于 1000mg/gTOC。其开始明显下降的深度在 3500m 左右,至 5000m 时残余的生烃潜力指数最大仅为 110mg/gTOC,平均 70mg/gTOC 左右(陈建平等,2014)。

南堡凹陷 1282 个样品分析表明,烃源岩生烃潜力指数开始明显下降的深度在 3500m 左右,至 5000m 时最大仅为 130mg/gTOC,平均 100mg/gTOC 左右(陈建平等,2014)。

三、冀中坳陷

在冀中坳陷的饶阳凹陷,沙一下 24 块泥页岩样品的原油密度 0.73~0.87g/cm³,平均 0.81g/cm³;对此样品进行氯仿沥青"A"补偿校正系数恢复,层状样品原始含油饱和度 17.99%~76.90%,平均 37.06%;残余含油饱和度 15.64%~66.71%,平均 32.25%;块状样品原始含油饱和度 4.08%~31.58%,平均 12.19%;残余含油饱和度 3.60%~27.49%,平均 10.68%;层状样品略优于块状。埋深大于 3200m 时,泥页岩进入生烃门限开始大量生烃,尤其是层状样品含油饱和度增加趋势明显。

饶阳凹陷沙一下亚段层状泥页岩,弹性驱可动油率 0.79%~3.00%,平均 1.79%;单位体积弹性驱可动油量为(0.08~0.27)×10⁻³t/m³,平均 0.14×10⁻³t/m³。块状泥页岩弹性驱可动油率为 1.51%~8.00%,平均 4.38%;单位体积弹性驱可动油量(0.06~0.24)×10⁻³t/m³,平均 0.13×10⁻³t/m³。

饶阳凹陷沙一下亚段层状泥页岩样品,溶解气驱可动油率 13.88%~15.91%,平均 15.31%;单位体积溶解气驱可动油量(0.65~2.52)×10⁻³t/m³,平均 1.27×10⁻³t/m³。块状泥页岩样品,溶解气驱可动油率 13.33%~15.62%,平均 14.23%;单位体积溶解气驱可动油量(0.26~4.19)×10⁻³t/m³,平均 0.56×10⁻³t/m³。

饶阳凹陷沙一下亚段层状泥页岩,总可动油率 14.84%~18.30%,平均 16.82%;总可动油量(0.75~2.71)×10⁻³t/m³,平均 1.41×10⁻³t/m³。块状泥页岩,总可动油率 15.81%~20.99%,平均 17.99%;总可动油量(0.35~1.33)×10⁻³t/m³,平均 0.69×10⁻³t/m³。

可以看出,在含油性方面,层状明显优于块状;在弹性驱可动油量方面,层状略大于块状;在溶解气驱可动油量方面,层状明显大于块状;在总可动油量方面,层状明显大于块状(陈方文等,2019)。

饶阳凹陷 992 个样品分析表明,烃源岩生烃潜力指数开始明显下降的深度在 3500m 左右,至 5300m 时最大值仅为 120mg/gTOC,平均 100mg/gTOC 左右(陈建平等,2014)。

束鹿凹陷沙三下泥页岩 R_o 为 0.6%~1.1%,以生油为主。根据油气分子组成以及氯仿沥青"A"轻烃参数恢复方法,建立了基于成熟度与总烃含量的可动油预测模型,计算出束鹿凹陷沙三下页岩油可动油率8.1%～21.70%(赵盼旺,2018)。

四、济阳坳陷

济阳坳陷泥页岩不同岩相的游离烃量峰值时间差异明显。富有机质纹层状泥页岩 R_o = 0.65%时即出现峰值,高达38mg/g;富有机质层状泥页岩 R_o = 0.81%时出现峰值,约31mg/g;含有机质块状岩 R_o = 0.89%出现峰值,约18mg/g(刘惠民等,2022)。

东营凹陷沙三下、沙四上泥页岩含油饱和度1%～80%,随深度的变化趋势:首先随深度增加而升高,一定深度时达到最大,此后随深度增加迅速降低。沙四上页岩含油饱和度出现两个高值区间,2200～2800m为未熟—低熟油生烃高峰,3000～3800m为成熟油生烃高峰;沙三下只有1个高值区间,3000～3700m为成熟油生烃高峰(图5-10)。

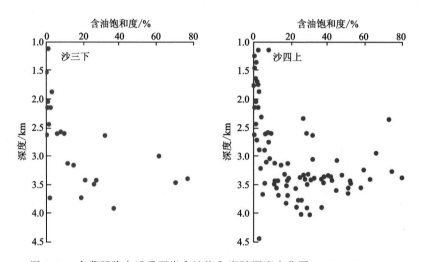

图5-10 东营凹陷古近系页岩含油饱和度随深度变化图(据张林晔等,2014)

对东营凹陷博兴、利津和牛庄洼陷27口井进行连续的测井评价,结果显示,沙三下、沙四上泥页岩游离油量0～17.86mg/g,平均1.82mg/g(张鹏飞等,2019)。

东营凹陷沙三下半咸化湖相泥页岩,页岩油深度界限是3000m,小于3000m为吸附油递增阶段,3000～3700m为游离油递增阶段,3700～4200m为游离油递减阶段。沙四上咸化湖相泥页岩,页岩油深度界限是2500m,小于2500m为吸附油递增阶段,2500～3600m为游离油递增阶段,3600～4300m为游离油递减阶段(图5-11)。

博兴洼陷樊页1井沙三下—沙四下泥页岩段系统取心440m,TOC为1%～8.83%,平均2.48%,有机质类型以Ⅰ、Ⅱ₁型为主;游离烃含量 S_1 为1.17～8.7mg/g(岩石),平均3.23mg/g。自上而下, R_o 为0.53%～0.93%,有机质成烃转化率,即 $S_1/(S_1+S_2)$ 为15%～34%(黄文欢等,2022)。由于碳酸盐矿物含量与游离油量呈正比,而黏土矿物和石英含量与游离油量呈反比,因此,灰质泥岩游离烃量一般高于泥岩与砂质泥岩(表5-1)。

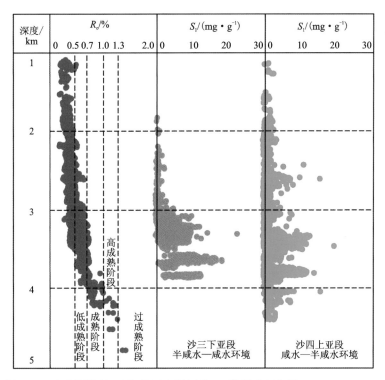

图 5-11　东营凹陷沙三下、沙四上泥页岩 S_1 随深度变化图（据刘惠民等，2022）

表 5-1　东营凹陷博兴洼陷樊页 1 井不同岩相含油性特征对比表（王勇等，2016）

岩相	TOC/%	含油饱和度/%	S_1/(mg·g^{-1})	孔隙度/%
富有机质纹层状泥质灰岩相	$\dfrac{2.0\sim4.3}{2.6(32)}$	$\dfrac{7.1\sim48.0}{29.8(99)}$	$\dfrac{2.0\sim6.0}{3.3(13)}$	$\dfrac{5.8\sim12.0}{7.7(22)}$
富有机质纹层状灰质泥岩相	$\dfrac{2.1\sim4.4}{2.9(15)}$	$\dfrac{26.7\sim45.5}{35.5(5)}$	$\dfrac{2.3\sim5.8}{3.4(8)}$	$\dfrac{5.0\sim13.0}{7.5(10)}$
富有机质层状泥质灰岩相	$\dfrac{2.0\sim4.8}{2.5(98)}$	$\dfrac{7.0\sim38.7}{29.0(98)}$	$\dfrac{0.8\sim7.9}{2.7(106)}$	$\dfrac{2.4\sim10.4}{5.5(26)}$
富有机质层状灰质泥岩相	$\dfrac{2.0\sim4.4}{2.6(148)}$	$\dfrac{22.2\sim34.6}{28.6(15)}$	$\dfrac{0.8\sim9.4}{3.0(109)}$	$\dfrac{2.4\sim10.8}{7.3(89)}$
含有机质块状泥岩相	$\dfrac{1.3\sim1.8}{1.7(4)}$	$\dfrac{18.5\sim40.3}{26.2(7)}$	$\dfrac{1.0\sim3.3}{2.1(20)}$	$\dfrac{2.8\sim8.6}{6.0(14)}$

注：表中分子为数值范围，分母为平均值，括号中数据为样品数。

　　樊页 1 井沙四上泥页岩、砂岩、粉砂岩或泥质粉砂岩样品 OSI 在 $101.07\sim307.01$mg/g 之间，平均 136.85mg/g。由于砂岩的原油流动性强，不适用 OSI 作为衡量含油性或可动性的指标（黄文欢等，2022）。

　　对利页 1 井 20 块样品分析，S_1 平均 7.7mg/g，OSI 平均 192mg/g（李志明等，2020）。

利用核磁共振测定牛页 1 井沙三段泥页岩的可动油饱和度,富有机质纹层状岩相平均24.61%,富有机质层状岩相平均 20.55%(王勇等,2016)。

计算东营凹陷的可动油率:①根据油藏弹性可采储量计算公式,推导出页岩油弹性可动油率计算公式。计算得出,沙四上、沙三下泥页岩的弹性可动油率为 4%~10%,总体上随深度增加而增大,沙四上要高于沙三下。②计算页岩油溶解气驱动可动油率,选枯竭时含气饱和度为 5%,当油层压力降低至饱和压力时,溶解气出溶,驱动流体流出。计算得出,埋深在2800~4000m 之间时,溶解气驱动可动油率为 4%~22%,总体上随深度增加可动油率变大,沙四上略高于沙三下。③计算页岩油总可动油率,在埋深 2800~4000m 范围内,沙三下总可动油率 8%~28%,沙四上 9%~30%。随埋深增加,总可动油率增大,沙四上大于沙三下(图 5-12)。

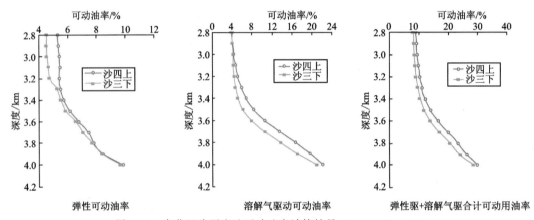

图 5-12　东营凹陷页岩油可动油率计算结果(据张林晔等,2014)

沾化凹陷罗 69 井沙三下 2 994.10~3 126.70m 取心井段,岩性主要为灰质泥岩和泥质灰岩的含油性较好,53 块样品,总含油量 4.03~23.43mg/g,平均 11.62mg/g;总游离油量 1.71~10.22mg/g,平均 4.97mg/g。沾化凹陷新义深 9 井沙三下 3 375.00~3 417.42m 取心井段,以层状或纹层状泥质灰岩为主,11 块样品,总含油量 8.21~19.51mg/g,平均 13.01mg/g;总游离油量 5.45~12.24mg/g,平均 8.60mg/g(图 5-13)。

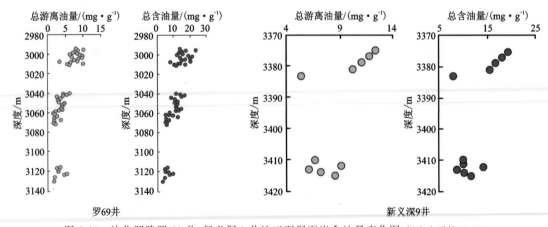

图 5-13　沾化凹陷罗 69 井、新义深 9 井沙三下泥页岩含油量变化图(据李志明等,2019)

随埋藏深度增加,吸附油比例逐渐降低,游离油占比逐渐增加(图5-14、图5-15)。

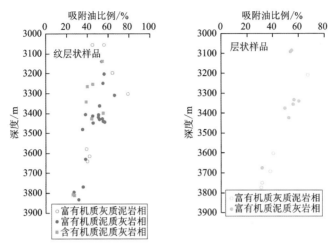

图5-14　济阳坳陷沙河街组页岩中吸附油占比与深度的关系(据王民等,2019)

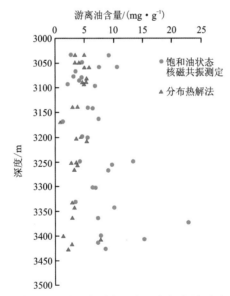

图5-15　东营凹陷樊页1井页岩游离油含量与深度关系图(据王民等,2019)

济阳坳陷东营、沾化和车镇凹陷沙四段、沙三段烃源岩1340个样品分析表明,生烃潜力指数在2500m时主要分布在250~850mg/gTOC,个别大于1000mg/gTOC。其在2700~2800m开始明显降低,至4800m时基本上降至150mg/gTOC以下(陈建平等,2014)。

五、东濮凹陷

东濮凹陷北部古近纪水体咸化、干旱蒸发、震荡频繁,导致不同岩相的泥页岩有机质丰度与含油性差异大。文410井和濮156井分析显示,东濮凹陷盐间大部分烃源岩TOC主要分布在0.15%~0.77%之间。高TOC烃源岩主要形成于半深湖相。

由文410页岩油探井沙三中3540~3600m取心井段308块岩性样品分析可知,岩性主要为灰色—深灰色泥岩、浅灰色—灰色粉砂岩不等厚互层,夹薄层深灰色页岩、灰白色盐岩。其中,3 583.87～3 596.62m井段,油气主要发育在裂缝中,平均孔隙度9.3%;荧光含油率0.10～45.58mg/g,平均7.52mg/g;S_1为4.55～20.14mg/g,平均10.74mg/g;含油饱和度指数OSI为140～422mg/g,平均为253mg/g,裂缝发育段整体含油性特好(冷筠滢等,2022)。

纹层状碳酸质混合岩TOC普遍大于1.00%,部分层段TOC大于6.00%,但厚度较薄,连续厚度一般小于2.0m,有机质呈纹层状分布于黏土矿物和碳酸盐层间,草莓状黄铁矿较发育,矿物表面常见油膜,高角度微裂缝发育,裂缝与纹层之间油气显示明显。例如,文410井纹层状碳酸质混合岩有机质丰度高,S_{1n}(常规热解可溶烃量)主要分布在0.50～10.53mg/g之间,平均3.09mg/g,S_{1f}(冷冻热解可溶烃量)主要在0.60～20.14mg/g之间,平均5.47mg/g。OSI_n(常规)为53.44～319.61mg/g,平均121.19mg/g;OSI_f(冷冻)为44.12～422.22mg/g,平均148.53mg/g;氯仿沥青"A"为5.76～34.17mg/g,平均16.54mg/g,表明岩石中具有丰富的液态烃,含油性好,是页岩油的重要层段。

层状黏土质混合岩TOC为0.50%～1.50%,页理及低角度缝发育,多为石膏或石盐充填,部分裂缝中见黑色沥青。例如,文410井层状黏土质混合岩,S_{1n}为0.03～3.95mg/g,平均0.60mg/g;OSI_n为6.73～171.17mg/g,平均63.88mg/g;S_{1f}为0.09～4.55mg/g,平均0.86mg/g;OSI_f为15.79～269.23mg/g,平均68.86mg/g;氯仿沥青"A"为0.51～11.28mg/g,平均5.24mg/g。该类有机质生成的烃类已能满足矿物的吸附作用,开始大量形成游离烃,OSI迅速升高,部分层段已达到页岩油最低动用下限,含油性中等,具有一定的可动油。

层状黏土岩最为常见,TOC较低,一般小于1.00%,连续厚度大,有机质分散于黏土矿物中,淡黄色荧光,发育少量低角度缝,缝内充填有石膏或石盐,未见沥青等烃类物质。例如,文410井层状黏土岩,S_{1n}为0.01～0.90mg/g,平均0.11mg/g;OSI_n为5.06～112.77mg/g,平均19.49mg/g;氯仿沥青"A"为0.01～0.33mg/g,平均0.11mg/g。这种低丰度细粒沉积岩有机质生成的烃类较少,往往不能满足岩石吸附的需要,含油饱和度低,尚未达到页岩油动用的下限,含油性极差,不是有利的页岩油层段(彭君等,2021)。

东濮凹陷细粒沉积岩有机质含量TOC与含油性S_1具有良好的正相关性。不同矿物对油气吸附作用有强有弱,其中,碳酸盐矿物对油气吸附作用较弱,碳酸盐矿物含量越高,S_1也越高;石英含量与含油性呈负相关关系,石英含量越高,OSI越低(图5-16)。石膏与石盐对含油性没有太大影响。

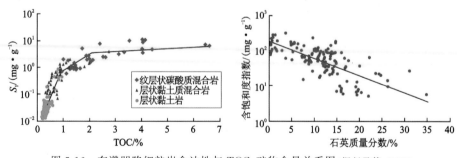

图5-16　东濮凹陷细粒岩含油性与TOC、矿物含量关系图(据彭君等,2021)

对东濮凹陷 9 口井沙三段 3 174.8～3 667.5m 深度段 9 块岩心样品进行等温吸附试验，吸附气量 0.499～1.835m³/t，平均 1.06m³/t(姜文利，2012)。

以可动系数判断页岩油的可动性，见式(5-1)。其中，游离烃量 S_{1-1} 反映了连通孔隙中游离油的轻质组分，在目前技术条件下容易动用；S_{1-2} 表示游离油的中重质组分，在目前技术条件下难以动用；S_{2-1} 表示吸附烃组分。三者之和近似反映滞留油量。

$$可动系数 = \frac{轻质游离油量}{滞留油量} = \frac{S_{1-1}}{S_{1-1} + S_{1-2} + S_{2-1}} \tag{5-1}$$

利用多温阶热解测试，分析了东濮凹陷濮卫与文留地区 18 口井 160 个泥页岩样品，结果表明沙三中、下亚段页岩油可动系数主要分布在 5%～25% 之间，平均 9.9%。页岩油可动性与游离油含量、成熟度、埋深、物性、岩相等因素有关。其中，可动系数与成熟度、埋深、岩相相关性明显，而与孔隙度和 TOC 相关性较差(图 5-17)。

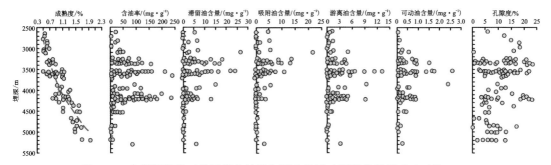

图 5-17　东濮凹陷沙三段页岩含油性与可动性影响因素分析图(据李浩等，2020)

可动系数与泥页岩孔隙度相关性不明显，主要原因是孔隙度主要影响储集性，而渗透性决定了页岩油的渗流能力。由于纹层状泥页岩层理缝较发育，水平渗透性明显增强，页岩油可动性显著好于块状泥页岩。

页岩油可动油与 TOC 关系比较复杂，随着 TOC 增大，泥页岩生烃能力增强，可动油量会增大；但 TOC 增高，有机质吸附性增强，页岩油可动性反而会有所降低。

东濮凹陷 877 个样品分析表明，最大生烃潜力指数在 3500m 开始明显下降，至 4700m 时降到了 150mg/gTOC 以下，至 5200m 低于 20mg/gTOC(陈建平等，2014)。

第二节　南襄盆地页岩层系含油气性与流动性

泌阳凹陷核三段在埋深 2000m 左右进入排烃门限，利用含油性变化图(图 5-18)，可以给出泌阳凹陷页岩油可动性的界限指标，即 S_1/TOC×100＝60mgHC/gTOC，氯仿沥青"A"/TOC＝0.2。从图中可以看出，S_1/TOC 与氯仿沥青"A"/TOC 随着深度先增加后减少，S_1/TOC 值在 2800m 时最高，氯仿沥青"A"/TOC 值在 3400m 时最高，说明这一深度范围处于生烃高峰，据此可确定泌阳凹陷页岩油的最佳深度为 2800～3400m。总体来看，埋深在 3000m 以下，饱和烃含量增高、胶质沥青质含量减少，原油黏度降低，页岩油可动性变好。安深 1 井、泌页 HF1 井深度 2500m 左右，原油黏度较高，开发效果较差。

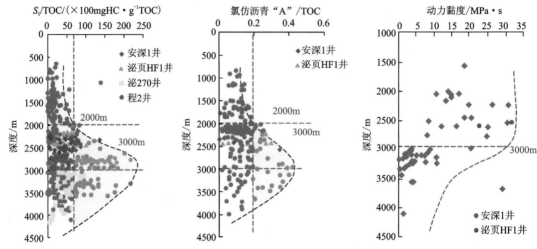

图 5-18   泌阳凹陷页岩油可动性区间分析图(据刘洁文,2019)

位于深洼区的页岩油水平井泌页 HF1 井、泌页 HF2 井页岩地层压力系数 1.1～1.3,多级分段压裂获得初期日产 23.6～28.1m³ 的工业油流,表明地层超压有利于页岩油流动与富集高产(柯思,2019)。

第三节   江汉盆地页岩层系含油气性与流动性

潜江凹陷 4 口页岩油探井/兼探井蚌页油 2 井、蚌页油 1 井、王 99 井和蚌 X7 井潜 3_4^{10} 取心段,S_1 为 2.73～28.47mg/g,平均 14.14mg/g。利用 6 口井 604 块样品多温阶测试,游离油系数 0.58～0.87,平均 0.75;可动系数 0.09～0.35,平均 0.23。潜江凹陷盐间不同韵律层原油密度 0.84～0.87g/cm³,利用 3 口井实测含油饱和度 52.5%(刘心蕊等,2021;王韶华等,2022)。

蚌湖斜坡带和王场背斜区潜 3_4^{10} 韵律层,62 个样品分析显示,S_1 普遍大于 5.0mg/g,最大39.5mg/g,平均 9.8mg/g;72 个样品分析显示,含油饱和指数 OSI 为 200～700mg/g,平均377mg/g(李志明等,2020)。其中,王场背斜潜 3_4^{10} 号韵律层 TOC 为 2.61%～5.37%,平均3.87%;R_o 为 0.51%～0.54%;S_1 为 8.71～26.04mg/g,平均 14.60mg/g;S_2 为 6.28～17.05mg/g,平均 10.31mg/g;OSI 为 244.72～484.92,平均 369.66。蚌湖向斜南斜坡潜 3_4^{10}号韵律层 TOC 为 1.46%～4.96%,平均 3.10%;R_o 为 0.77%～0.80%;S_1 为 4.08～31.54mg/g,平均 17.40mg/g;S_2 为 1.68～8.73mg/g,平均 4.88mg/g;OSI 为 279.45～778.65,平均 508.05。可以看出,潜 3_4^{10} 号韵律层含油饱和度指数 OSI 普遍大于 100mg/g,显示可动油资源丰富(李乐等,2019)。

蚌 X7 井潜 3_4^{10} 韵律层,S_{1-1} 平均 0.76mg/g,含油饱和度指数 $S_1/\omega(TOC)\times100$ 平均239mg/g。

蚌页油 2 井潜 3_4^{10} 韵律层主要发育泥质钙芒硝岩、含钙芒硝白云质泥岩、泥质白云岩和白云质泥岩,取样 59 块进行密闭冷冻热解分析,TOC 为 0.74%～7.49%,平均 3.16%;S_1 较高,在 0.7~39.55mg/g 之间,平均 10.89mg/g;S_2 为 0.33~11.32mg/g,平均3.63mg/g;$S_1/(S_1+S_2)$ 为50%~85%,平均73%。其中,2816~2818m、2821~2823m 两个深度段有机质丰度与含油性最好(图 5-19)。

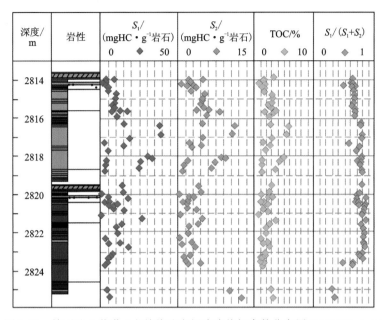

图 5-19　蚌页油 2 井潜 3_4^{10} 韵律速密闭冷冻热解参数分布图(据张采彤,2020)

蚌页油 2 等 4 口页岩油探井/兼探井岩心分析显示,潜 3_4^{10} 韵律层上部的富碳纹层状泥质白云岩,岩性均一,TOC 含量较高,S_1 约为 18.47mg/g,页岩储层含油性较好,同时,孔喉半径中值高达 219nm,是盐间页岩油储层中的优势"甜点"岩相。其中,蚌 X7 井富碳纹层状灰质泥岩 S_1 平均 4.86mg/g,S_{1-1} 平均 1.06mg/g,$S_1/\omega(TOC)\times100$ 平均 195.56mg/g。

中部的富碳纹层状白云/灰质泥岩 TOC 与富碳纹层状泥质白云岩相当,也在 10mg/g 左右,孔隙度较高,有利于页岩油储集,但孔喉较小,孔喉半径 6~64nm,孔径中值 21nm,不利于页岩油采出。其中,蚌 X7 井含碳块状白云/灰质泥岩 S_1 平均 4.32mg/g,S_{1-1} 平均值 4.32mg/g,$S_1/\omega(TOC)\times100$ 平均 248.05mg/g。

下部的钙芒硝充填富碳纹层状云质泥岩,TOC 含量较低,小于 5mg/g,孔隙度较低,孔喉半径 6~64nm,中值孔喉半径 21nm,不利于页岩油富集和采出;此外,该类岩相盐类含量较高,开发过程中易结盐、堵塞,导致开发效果较差。其中,蚌 X7 井碳钙芒硝充填块状白云质泥岩 S_1 平均 3.55mg/g,S_{1-1} 平均 0.5mg/g,$S_1/\omega(TOC)\times100$ 平均 303.11mg/g。

统计潜江凹陷 71 口生产井资料发现,当 $S_1 \geqslant 5mg/g$、OSI$\geqslant 250mg$ 烃/gTOC 时,油井普遍具有出油能力;当 $S_1 \geqslant 3mg/g$、OSI 在 150~250mg 烃/gTOC 时,部分井出油,岩心可见油显示;当 $S_1 < 3mg/g$、OSI$< 150mg$ 烃/gTOC 时,含油性普遍较差。因此,可选定 $S_1 \geqslant 5mg/g$、OSI$\geqslant 250mg$ 烃/gTOC 作为盐间含油性的评价标准(管文静,2020)。

第四节 苏北盆地页岩层系含油气性与流动性

高邮凹陷阜二段有机质丰度相对较高,TOC>1%的页岩累计厚度50～350m。其中,上部的①亚段TOC为1.73%～2.83%,氯仿沥青"A"平均0.44%,游离烃S_1为0.25～1.14mg/g,生烃潜量(S_1+S_2)为5.59～13.28mg/g。②亚段TOC为0.65%～2.54%,氯仿沥青"A"平均0.18%,游离烃S_1为0.1～1.12mg/g,生烃潜量(S_1+S_2)为1.85～13.82mg/g。有机质类型以I_1、II_1型为主,深洼区—内斜坡①②亚段R_o为0.8%～1.1%,正处于生油高峰。深洼区—内斜坡阜二段OSI为5～36mg/g,仅有9个数据点大于100mg/g;由多温阶热解实验计算可动系数$S_{1-1}/(S_{1-1}+S_{1-2}+S_{2-1})$,①～④亚段可动系数1.06%～1.38%,平均1.72%。据此分析,页岩油含油率和可动性不高(付茜等,2020)。

高邮凹陷阜宁组烃源岩554个样品分析表明,最大生烃指数从2800m左右的1100mg/gTOC开始明显下降,在3600m处降为450mg/gTOC,在4300m左右已经降低至100mg/gTOC,绝大部分烃类生成并排出了烃源岩(陈建平等,2014)。

金湖凹陷北港次洼阜二段烃源岩厚度90～100m。据阜二段中部半咸水还原环境的优质烃源岩34块样品分析,TOC为0.53%～3.73%,平均1.83%;S_1+S_2为0.96～34.27mg/g。BG1井阜二段泥页岩有机质丰度较高,含油性也较好,11块样品,氯仿沥青"A"为0.12%～0.54%,平均0.30%;S_1为0.03～2.26mg/g,平均0.59mg/g(昝灵,2020)。

溱潼凹陷阜二段成熟烃源岩R_o>0.7%的范围占70%以上,深洼带R_o为0.9%～1.0%,正处于生油高峰期,厚度大、分布广。阜二段S_1=0.53mg/g,游离烃含量较高;原油气油比40～80m³/t,原油伴生气组分齐全,甲烷和乙烷占74%。随R_o增加,吸附油比例逐渐降低,游离油含量逐渐增高,R_o为0.9%～1.3%时,游离油中的轻质组分增多,页岩油可动性好。埋深在3400m以下,S_1显著增加,是页岩油有利深度段(图5-20)。

溱潼凹陷阜二段①亚段气测全烃0.5%～7.6%,平均2.5%;S_1平均1.10mg/g,OSI平均84mg/g。②亚段气测全烃0.9%～5.8%,平均3.1%;S_1平均1.35mg/g,OSI平均128mg/g。③亚段气测全烃0.3%～1.2%,平均0.7%;S_1平均0.50mg/g,OSI平均92mg/g。④亚段气测全烃0.5%～3.1%,平均2.0%;S_1平均0.89mg/g,OSI平均98mg/g。⑤亚段气测全烃1.2%～82.1%,平均24.6%;S_1平均0.68mg/g,OSI平均72mg/g。以气测全烃含量为主,结合S_1和OSI,明确溱潼凹陷阜二段3790～3860m为页岩油含油性的"甜点段"(姚红生等,2021)。

溱潼凹陷阜二段烃源岩自三垛组沉积以来持续生烃形成异常高压,压力系数1.25,地层能量高,增强了页岩油的可动性。

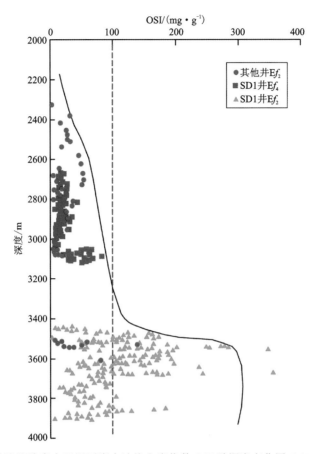

图 5-20 溱潼凹陷阜宁组泥页岩含油饱和度指数 OSI 随深度变化图(据姚红生等,2021)

第六章 脆性与可压性

泥页岩的脆性与可压性等力学性质,控制着压裂裂缝的起裂、扩展、延伸及展布形态,通常有 3 种表达方式。

一是利用矿物含量的成分直接计算脆性矿物含量。例如,在中国东部陆相断陷盆地中,苏北盆地溱潼凹陷阜二段页岩层段脆性矿物含量最高,达到 76.4%;昌潍坳陷潍北凹陷孔二段脆性矿物含量较低,一般 33.6%～65.2%,平均 48.3%。济阳坳陷沙四上、沙三下脆性矿物含量平均 66% 以上,辽河坳陷沙三段、沙四段脆性矿物含量一般 45.2%～62.9%。潜江凹陷潜三段 4 油组 10 韵律层脆性矿物含量一般 54%～70%。

二是利用石英、碳酸盐等脆性矿物含量,根据不同的权重,计算脆性矿物指数。储层岩石脆性是指其在破裂前未察觉到的塑性变形的性质,亦即岩石在外力作用下容易破碎的性质。脆性矿物含量大小与压裂改造效果密切相关,一般来说,脆性矿物含量越高、黏土矿物含量越低,可压裂性越好。脆性矿物含量大于 60%,黏土矿物含量小于 30%,更利于压裂形成裂缝系统,也容易发育天然裂缝。例如,歧口凹陷沙三段一亚段脆性指数高达 63.2%～87.1%,平均 70.3%。沧东凹陷孔二段脆性指数 23%～67%。济阳坳陷沙四上、沙三下脆性指数平均在 48% 左右。潜江凹陷潜三段 4 油组 10 韵律层脆性指数只有 20%～40%。

三是利用弹性模量、泊松比计算页岩脆性指数,通常杨氏模量越大、泊松比越小、页岩脆性指数越高,对于压裂越有利。例如,苏北盆地阜二段采取泊松比-杨氏模量法计算脆性指数 20%～80%。

第一节 渤海湾盆地页岩层系脆性与可压性

一、辽河坳陷

辽河坳陷沙四段、沙三段泥页岩样品 X 射线衍射全岩定量分析表明,泥页岩矿物成分以石英和黏土矿物为主,其次是碳酸盐矿物,还包括少量的黄铁矿、白云石、云母等。黏土矿物含量相对较高,含量 19.2%～77.2%,平均高于 46.2%;其次是石英,含量 9.2%～67%,平均 36.3%;长石 1.6%～52.3%,平均 7.9%;碳酸盐矿物 2.1%～17%,平均 7.3%,局部碳酸盐矿物含量高达 64%。此外,泥页岩还含有一定量的黄铁矿,含量 1.8%～13.6%,平均 2.3%。东部凹陷泥页岩脆性最好,其次是西部凹陷,大民屯凹陷稍差(单衍胜,2013)。

东部凹陷,以石英为主,含量 23.4%～62.2%,平均 44.9%;黏土矿物含量 23.7%～70.4%,平均 38.1%,斜长石含量 10.8%,其他脆性矿物包括钾长石、赤铁矿、菱铁矿、白云母等含量较低,平均 1%左右。东部凹陷泥页岩脆性矿物含量平均 62.9%。

西部凹陷,黏土矿物含量较高,平均 51.2%;其次是石英,平均 30.5%;长石平均 12.3%;碳酸盐矿物平均 7.7%,雷家地区泥页岩碳酸盐矿物含量较高,个别超过了 70%;黄铁矿含量较低,平均 1.8%。西部凹陷泥页岩脆性矿物含量达到 48.8%。西部凹陷中北部雷 84 井全岩定量分析表明,沙四段页岩黏土矿物含量平均 23.5%,脆性矿物(石英、长石和黄铁矿)含量 16.4%～61.9%,碳酸盐矿物平均含量可达 40%(毛俊莉,2020)。清水洼陷沙三段页岩以长英质页岩为主,矿物成分主要为石英、长石、黏土矿物及少量碳酸盐矿物等;石英矿物含量 26%～64%,平均 41%;长石平均含量 10%,以斜长石为主;碳酸盐矿物含量小于 10%;黏土矿物含量 22.7%～58.7%,平均 40%(毛俊莉等,2019)。达到工业油流的曙古 165 井,泥页岩石英含量平均高达 41.1%,石英+长石含量 41%～63%,脆性矿物含量达到 57.8%,黏土矿物含量平均 42%。

大民屯凹陷,黏土矿物含量平均 57.1%;石英含量 30%～40%,平均 35.2%。大民屯脆性矿物含量平均 45.2%。沙四段 45 块样品分析表明,黏土矿物含量平均 32%,石英含量平均 32%,长石含量平均 7.8%,菱铁矿含量平均 4.3%,黄铁矿含量平均 4.1%,方解石含量 12.7%,白云石含量 9.5%(李晓光等,2019)。

二、黄骅坳陷

不同矿物具有不同的脆度,以石英脆度为标准,赋予其他矿物不同的系数,同时考虑有机质对岩石脆性的影响,通过对取心井 1000 余块样品 X 射线衍射矿物组分数据分析,建立了矿物脆性指数 BI 评价方法,BI=(石英+0.3×长石+0.5×方解石+0.7×白云石+0.5×方沸石)/(石英+长石+方解石+白云石+方沸石+黏土+有机质)。据此,计算沧县凹陷 W16 井孔二段泥页岩段 189 块样品的脆性指数 BI 为 23%～67%。统计 BI 与 TOC、黏土含量的关系表明,当 TOC<4%或黏土含量<20%时,大部分样品 BI>50%,为高脆性页岩;当 TOC>6%或黏土含量>40%时,多数样品 BI<40%,为低脆性页岩(赵贤正等,2020)。

沧东凹陷孔二段滞留型页岩油,TOC 与黏土矿物含量一般呈正相关,高 TOC 含量往往造成页岩脆性降低,因此,TOC 并非越高越好。W16 井 189 块样品分析表明,TOC>6%之中 96%样品的 BI<40%,为低脆性页岩。黏土矿物含量>40%时,页岩 BI<40%,为低脆性页岩,现有水基压裂液易引起黏土膨胀,支撑剂无法有效注入,压裂效果差。黏土含量 30%～40%时,大于 90%的样品 BI<40%,为低脆性页岩。黏土含量小于 30%时,BI>40%,为中—高脆性页岩(图 6-1)。

歧口凹陷沙三段一亚段长英质页岩区,面积较大,长英质矿物占优势,黏土矿物含量次之,碳酸盐矿物含量较少。例如,F39x1y 井泥页岩段 93 块岩心全岩 X 衍射矿物成分分析表明,长英质矿物含量 28.4%～70.4%,平均 46%;黏土矿物 12.9%～36.8%,平均 29.7%;碳酸盐矿物 1.9%～45.4%,平均 8.7%;矿物 BI 为 63.2%～87.1%,平均 70.3%;工程脆性指数(BI=石英+0.63×白云石+0.52×长石+0.25×方解石+0.2×黄铁矿+0.18×方沸石+

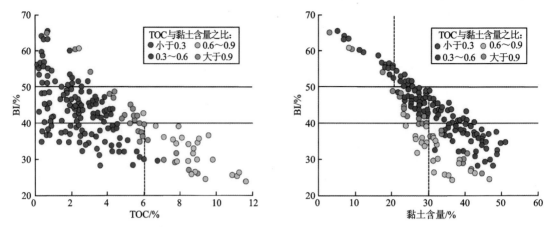

图 6-1　沧东凹陷孔二段页岩 TOC、黏土矿物含量与 BI 关系图（据韩文中等，2021）

0.02×黏土）>47.6％。BI＝30％时，易形成多缝；BI>40％，易形成缝网和多缝过渡态（周立宏等，2021）。

歧口凹陷沙三段一亚段碳酸盐质页岩区，面积局限，碳酸盐矿物含量占优势，长英质矿物和黏土矿物含量次之。例如，歧页 10-1-1 井泥页岩段，长英质矿物含量 6％～53％，平均31％；黏土矿物 7％～37％，平均 23.5％；碳酸盐矿物 24％～81％，平均 39％（周立宏等，2021）。

X 射线衍射全岩矿物分析表明，歧口凹陷歧页 1H 井沙一下亚段页岩伊利石含量为 37％～52％，伊/蒙间层含量为 47％～57％，伊/蒙间层比为 10％～20％，页岩油储层的盐敏性、水敏性均较强（赵贤正等，2022b）。

三、济阳坳陷

济阳坳陷富有机质页岩中碳酸盐等脆性矿物含量较高，主要介于 50％～80％之间，BI 为42％～59％，可压裂指数 0.52～0.64。济阳坳陷富有机质页岩层系最大与最小地应力差值较小，普遍小于 8MPa，应力比值 1.01～1.16，有利于体积压裂形成复杂缝网。济阳坳陷主力页岩层综合评价为中等可压裂性（刘惠民，2022）。

东营凹陷泥页岩的泊松比分布集中在 0.2 附近，变化较小；杨氏模量差异较大，可直接反映泥页岩的可压裂性，杨氏模量值越高、可压裂性越好。分析东营凹陷 27 口井沙四上、沙三下泥页岩，杨氏模量纵向分布在 9.65～55GPa 之间，平均 23.40GPa。杨氏模量的大小与有机质含量呈负相关，随着围压的增加而增加（张鹏飞等，2019）。

东营凹陷牛庄洼陷牛页 1 井全岩 X 射线衍射实验，沙三下黏土矿物含量 10％～42％，平均 21.3％；石英＋长石含量 5％～46％，平均 27.2％；方解石＋白云石含量 10％～75％，平均47.7％；沙四上黏土矿物含量 4％～59％，平均 21.8％；石英＋长石含量 13％～56％，平均26.5％；方解石＋白云石含量 1％～89％，平均 47.1％。另外，黄铁矿与菱铁矿在不同深度段均有分布，含量偏小。黏土矿物中以伊利石为主，伊/蒙混层次之，少量高岭石、绿泥石等，蒙脱石转化为伊利石比例很高,随着埋深增大伊利石比例逐渐升高,含量从61%增加到100%,伊/蒙混层含量降低,最终全部伊利石化(孙超,2017)。

东营凹陷博兴洼陷樊页1井全岩X射线衍射实验表明,沙三下黏土矿物含量6%~62%,平均24.2%;石英+长石含量11%~63%,平均26.9%;方解石+白云石含量5%~80%,平均45.1%;沙四上黏土矿物含量2%~57%,平均16.5%;石英+长石含量2%~82%,平均29.5%;方解石+白云石含量3%~95%,平均51.3%。黄铁矿分布广,含量偏小;菱铁矿零星分布,石膏类不发育。黏土矿物以伊利石为主,伊/蒙混层次之,少量高岭石、绿泥石等,深部以伊利石为主,占比90%以上,基本上以伊利石单黏土矿物存在(孙超,2017)。

利津洼陷利页1井全岩X射线衍射实验表明,沙三下黏土矿物含量16%~51%,平均32.4%,石英+长石含量12%~40%,平均28.6%;方解石+白云石含量8%~70%,平均35.0%;沙四上黏土矿物含量60%~39%之间,平均25.8%;石英+长石含量15%~42%,平均29.9%;方解石+白云石含量12%~78%,平均42.3%。黄铁矿分布广,含量较少,菱铁矿零星分布,石膏类不发育。黏土矿物以伊利石为主,伊/蒙混层次之,少量高岭石、绿泥石等。沙四上泥页岩黏土矿物基本为纯伊利石(孙超,2017)。

沾化凹陷渤南洼陷罗69井沙三下泥页岩X射线衍射测试表明,碳酸盐矿物含量较高,为13%~78%,以方解石为主;碎屑矿物含量8%~35%,以石英为主;黏土矿物总量4%~40%(姜振学等,2020)。罗69井沙三下泥页岩最大水平应力和最小水平应力之间,最大应力差可达22MPa(孙焕泉,2017)。

济阳坳陷泥页岩层段黏土矿物主要有蒙脱石、伊利石、伊/蒙混层、高岭石及绿泥石5种,蒙脱石、伊利石、伊/蒙混层的含量直接影响了泥页岩的水化膨胀性能;高岭石、绿泥石水化膨胀性较弱。

随埋深的增加,蒙脱石和伊/蒙混层中的蒙脱石逐渐向伊利石转变,蒙脱石含量逐步降低。济阳坳陷泥页岩埋深小于2000m时,黏土矿物以伊/蒙混层为主,含量大于80%,伊/蒙混层中蒙脱石含量在80%左右。埋深大于2000m时,伊/蒙混层含量快速降低,由2000m的80%左右降至3000m的40%左右;伊/蒙混层中的蒙脱石含量随埋深增加迅速下降,由2000m时80%左右降低到3000m的20%左右,并趋于平稳;而伊利石含量迅速增高。埋深大于3000m时,伊/蒙混层转化速率减缓,蒙脱石含量基本稳定在20%左右,伊利石含量则持续增加。埋深大于3500m时,黏土矿物以伊利石为主,伊/蒙混层含量及伊/蒙混层中的蒙脱石含量均较低且趋于稳定。

可以看出,济阳坳陷泥页岩埋深大于3500m,伊/蒙混层已经向伊利石转化至平衡点。因此,考虑页岩的水化膨胀性,埋深大于3500m的泥页岩更适合于压裂改造(图6-2)。

济阳坳陷典型井沙四上、沙三下页岩油脆性与可压性情况见表6-1。

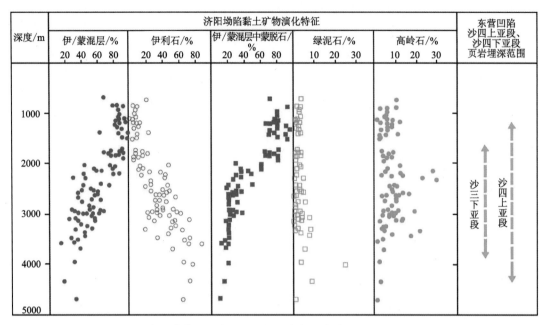

图 6-2　济阳坳陷泥页岩黏土矿物组成与深度关系（据包友书等，2016）

表 6-1　济阳坳陷典型页岩油井脆性指数、可压指标表（据杨勇，2023）

洼陷	井号	目的层	页岩脆性指数	脆性矿物含量/%	应力差/MPa	可压指数
渤南	济页参1	沙三段下亚段	0.49	62	6.3	0.6
	罗67	沙三段下亚段	0.54	78	6.1	0.64
	新义深9	沙三段下亚段	0.42	58	6.3	0.55
利津	利页1	沙三段下亚段	0.51	72	5.9	0.59
牛庄	牛页1	沙四段上亚段纯上次亚段	0.48	68	5.5	0.57
		沙三段下亚段	0.45	61	6.0	0.54
博兴	樊页1	沙三段下亚段	0.41	52	5.3	0.52
	FYP1	沙四段上亚段纯上次亚段	0.58	80	4.4	0.59

　　昌潍坳陷孔店组黏土矿物含量相对较高，含量平均51.7%，黏土矿物以伊/蒙混层为主，含量平均59%；伊利石次之，平均28%。昌潍坳陷昌页参1井揭示，孔店组脆性矿物以石英为主，平均29.3%；长石次之，平均11.7%（张春池等，2020）。

　　昌页参1井孔二段X射线衍射全岩分析表明，脆性矿物主要有石英、长石、方解石、白云石、菱铁矿、黄铁矿、赤铁矿、铁白云石等，脆性矿物含量33.6%～65.2%，平均48.3%。石英含量20.9%～37.2%，平均29.3%；斜长石含量4.5%～19.6%，平均9.4%，钾长石含量最高5.9%；方解石在孔二上及中亚段上部含量较高。总体来看，脆性矿物石英、斜长石丰富，有利于压裂改造。孔二段黏土矿物含量 34.8%～66.4%,平均 51.7%。黏土矿物主要为伊/蒙混层、伊利石、高岭石、绿泥石。伊/蒙混层 47%～73%,平均 59%;伊利石 18%～40%,平均 28%;高岭石 2%～15%,平均 6%;绿泥石 3%～15%,平均 7%(彭文泉,2016)。

第二节　南襄盆地页岩层系脆性与可压性

泌阳、南阳凹陷泥页岩脆性矿物含量普遍较高,多数大于 50%,有利于压裂改造。泌阳凹陷泥页岩碳酸盐矿物含量相对较低。安深 1 井脆性矿物含量稍高,一般大于 60%;泌页 1 井脆性矿物含量大于 50%(图 6-3)。

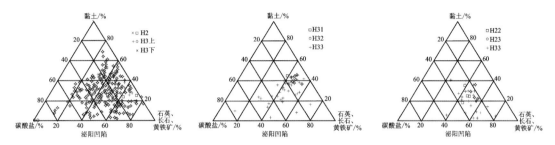

图 6-3　泌阳凹陷及典型井核三上泥页岩矿物成分图(据陈国辉,2013)

第三节　江汉盆地页岩层系脆性与可压性

利用 X 衍射全岩分析,潜江凹陷潜三段盐间页岩碳酸盐矿物含量 28.63%～46.73%,平均 40.90%;其中,白云石含量 20.49%～36.15%,平均 32.43%;方解石含量 7.10%～10.58%,平均 8.47%;黏土矿物含量 15.03%～32.31%,平均 22.28%;石英含量 6.14%～11.13%,平均 8.65%;钙芒硝含量 11.45%～22.43%,平均 16.32%。可概括为"高碳酸盐、高含盐、中黏土矿物"(范仕超,2020)。王庄背斜的王 99 井潜 3_4^{10} 韵律层样品分析表明,碎屑矿物(黏土+长石+石英)含量 42.25%,白云石含量 28.77%,方解石含量 13.11%,钙芒硝含量 7.91%(徐二社等,2020)。

不同岩相之间矿物成分差异较大。富碳纹层状泥质白云岩,白云石含量最高,分布在 20.0%～42.0%之间,平均 30.5%;其次为黏土矿物,含量 18.0%～33.0%,平均 25.4%;长英质矿物含量较低,还有少量钙石盐、黄铁矿及石膏等蒸发岩类。富碳纹层状白云/灰质泥岩,黏土矿物含量最高,分布在 21.0%～40.0%之间,平均 33.4%;白云质泥岩中,白云石平均 23.5%,方解石含量 18.3%;灰质泥岩中,方解石含量 35.8%,白云石含量 7.3%;长英质、蒸发盐类矿物含量较低。钙芒硝充填富碳纹层状白云质泥岩,矿物成分以钙芒硝为主,含量 5.0%～54.0%,平均 33.3%;其次为黏土矿物,含量 13.0%～29.0%,平均 22.5%;白云石含量 11.0%～35.0%,平均 22.5%;长英质、方解石含量相对较低。

潜江凹陷潜 3_4^{10} 韵律层,脆性矿物含量 54%～70%,普遍较高;抗压强度 60～248MPa,弹性模量 10～35GPa,泊松比 0.108～0.403。Rickman 公式计算脆性指数在 20%～40%,普遍较低,反映盐间页岩层偏塑性(管文静,2020)。选取埋深小于4000m,脆性矿物含量大于50%作为页岩油有利性的评价指标。

第四节　苏北盆地页岩层系脆性与可压性

高邮凹陷深洼区—内斜坡阜二段泥页岩,脆性矿物主要包括石英、长石、方解石和白云石,脆性矿物含量较高,一般在59%~65%之间;黏土矿物含量较低,一般在25%~35%之间。通过三轴力学实验分析,该区阜二段泥页岩脆性指数42.38%~64.25%,①~⑤亚段泥页岩脆性矿物含量分别为63.4%、60.1%、60.5%、63.6%、59.1%,黏土矿物含量分别为34.7%、35.1%、31.7%、25.4%、30.4%。其中,④亚段脆性矿物含量最高,黏土矿物含量最低;①亚段脆性矿物含量次之,其余各亚段含量相当(付茜等,2020)

高邮凹陷阜四段泥页岩脆性矿物含量高,平均50.72%;泊松比适中,处于0.19~0.26之间;脆性指数较高,一般30.10%~44.71%,具有较好的可压裂性。杨氏模量相对较低,一般12.9~19.4GPa,且页岩黏土矿物含量较高,以伊/蒙混层为主,遇水易膨胀(段宏亮等,2014)。

金湖凹陷北港次洼阜二段11块样品分析表明,泥灰岩、粉砂质泥岩的黏土矿物含量11.2%~54.8%,平均39.3%。脆性矿物含量较高,平均60.7%,以石英、白云石、方解石为主;石英含量8.0%~24.1%,平均18.8%;白云石含量2.4%~35.1%,平均17.4%;方解石含量1.5%~72%,平均17%。其他脆性矿物包括长石、黄铁矿、菱铁矿,含量低于5.5%。北港阜二段脆性矿物较丰富,有利于压裂改造(昝灵,2020)。

溱潼凹陷阜二段泥页岩矿物成分主要为黏土矿物、石英、斜长石、方解石、白云石及少量钾长石和黄铁矿。阜二段中上部泥页岩的黏土矿物含量21%~37%,平均30.4%;下部泥页岩的黏土矿物含量23.9%~36%,平均27.8%。黏土矿物以伊/蒙混层为主,平均含量71.4%。③~⑤亚段脆性矿物以石英、长石、方解石、铁白云石为主,含量较高为70.5%~86.5%,平均76.4%;而①②亚段以黏土、石英矿物为主,黏土矿物含量41.1%~58.6%,平均48.3%,具有良好的可压性(姚红生等,2021)。

采取泊松比-杨氏模量法计算脆性指数,BI=100×[(杨氏模量−杨氏模量最小值)/(杨氏模量最大值−杨氏模量最小值)+(泊松比−泊松比最小值)/(泊松比最大值−泊松比最小值)]/2,苏北盆地阜二段BI为20%~80%。其中,BI>60,可作为工程"甜点区"Ⅰ类;BI为40%~60%,可作为工程"甜点区"Ⅱ类;BI<40%,可作为工程"甜点区"Ⅲ类(赖锦等,2022)。

第七章 "甜点"评价

页岩油气"甜点"是指单位体积泥页岩层含油量较高,当前经济技术条件下具备商业开发价值的层段及范围。页岩油气"源储一体"的特点,决定了"甜点"受生烃与储层的共同控制。"甜点"商业性的特点,决定了页岩油气"甜点"必然是富集性、可动性、可采性以及经济性相统一的地质体。由于各盆地影响页岩油气富集高产的主控因素有所不同,相互之间提出的"甜点"评价标准有差异。

第一节 渤海湾盆地页岩油气"甜点"评价

一、辽河坳陷

辽河坳陷西部凹陷陈家洼陷沙四段烃源岩厚度 $100\sim200$m,最大 400m。TOC 为 $4\%\sim8\%$,$(S_1+S_2)>22$mg/g,R_o 为 $0.3\%\sim0.7\%$。由于热演化程度低,原油密度较大,20℃时密度 $0.866\sim0.905$g/cm³,50℃时黏度 $11.03\sim796.45$mPa·s,导致部分地区原油流动性差。

陈家洼陷主体部位的雷家地区,面积约 300km²。沙四段沉积时期在水体偏咸、水动力较弱、强还原环境下,沉积了一套褐灰—褐黄色泥质白云岩、粒屑白云岩、深灰色泥岩夹白云质泥岩及油页岩的互层组合,埋深 $3000\sim4000$m。据 1486 次分析化验,泥页岩主要储集岩性为含泥白云岩,储集空间为层间缝、溶孔,实测孔隙度为 $2.0\%\sim20.1\%$,平均 11.5%;渗透率 $(0.093\sim5.200)\times10^{-3}\mu$m²,平均 $1.100\times10^{-3}\mu$m²。随着白云石含量的增大,储集性能变优,产能变好。

基于岩性、物性、含油性的评价结果,提出了雷家地区页岩油"甜点"划分标准:一类"甜点",以含泥白云岩为主,白云石含量大于 50%,孔隙度大于 10.0%,$S_1>6$mg/g;二类"甜点",以泥质白云岩为主,白云石含量 $40\%\sim50\%$,孔隙度 $6.0\%\sim10.0\%$,S_1 为 $3\sim6$mg/g;三类"甜点",以白云质泥岩为主,白云石含量小于 40%,孔隙度小于 6.0%,$S_1<3$mg/g。

通过井震结合,建立页岩油"甜点"层地震反演剖面,预测出雷家地区沙四段"甜点"厚度,叠合断裂系统,形成了雷家地区沙四段"甜点"开发区分布图。其中,一类开发区:"甜点"厚度大于 30m,断裂密度小于 5 条/km²,采用长水平井单层开发,水平段长度 $700\sim1000$m。二类开发区:"甜点"厚度大于 30m,断裂密度大于 5 条/km²,采用直井纵向多层开发。三类开发区:"甜点"厚度小于 30m,断裂密度大于 5 条/km²,采用短直水平井单层开发,水平段长度小于 300m(图 7-1)。

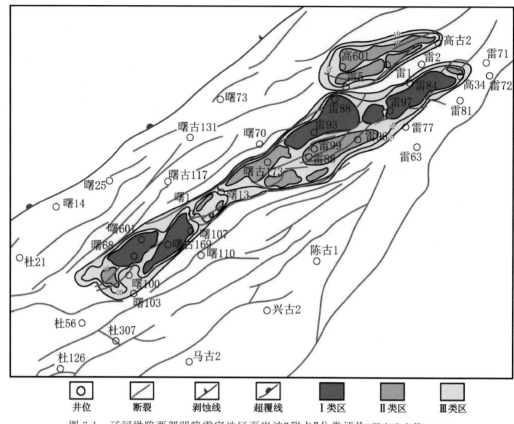

图 7-1　辽河坳陷西部凹陷雷家地区页岩油"甜点"分类评价（据李晓光等，2022）

二、黄骅坳陷

针对沧东凹陷孔二段泥页岩，以 G108-8 井等 12 000 余次样品分析为基础，开展 R_o、TOC、S_1、OSI、BI、孔隙度、页岩厚度 7 项参数研究，在中高热演化程度埋深区，即 R_o 为 0.7%～1.2% 范围内，将 TOC>2%、S_1>2mg/g、OSI>100mg/g、BI>50%、孔隙度大于 3% 且连续厚度大于 10m 的页岩层，确定为页岩油富集层。根据实际钻井，富集层厚度一般 10～40m。

在富集层内，再优选出含油性及可压性更好的水平井钻探靶层，具体指标为：TOC=2%～4%、S_1>3mg/g、OSI>150mg/g、BI>75%、孔隙度大于 5% 且连续厚度大于 10m。实际钻井揭示，单个钻探靶层厚度一般 10～15m。

通过评价，沧东凹陷孔二段 363.6m 页岩层系，识别出了 8 个富集小层，在富集层内再优选出 8 个钻探靶层（图 7-2）。

通过游离烃、有机碳含量、脆性矿物含量等关键地质参数叠合评价，结合测井约束地震反演，综合筛选出沧东凹陷孔二段一亚段Ⅰ、Ⅱ、Ⅲ类"甜点"面积 417 km²。其中Ⅰ、Ⅱ类"甜点"呈高波阻抗，脆性矿物含量可达 75%，R_o>0.6%，TOC>2%，埋深 3000～4200m，优质甜点段厚度>10m；Ⅲ类甜点一般呈中低波阻抗，分布于沧东凹陷官西低斜坡区（图 7-3）。

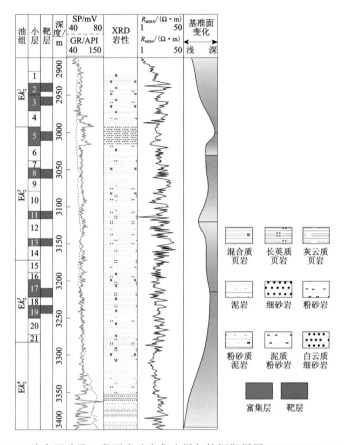

图 7-2 沧东凹陷孔二段页岩油富集小层与钻探靶层图(据赵贤正等,2022a)

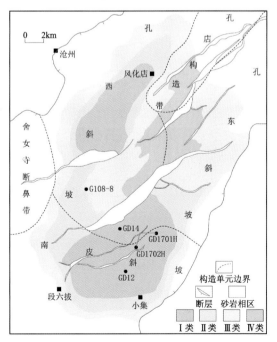

图 7-3 沧东凹陷孔二段一亚段甜点综合评价图(据赵贤正等,2022a)

针对岐口凹陷沙一段泥页岩，在岩相优选的基础上，利用 S_1、BI（加权）、R_o，制定了页岩油富集层的评价标准。其中，Ⅰ类页岩油富集层，$S_1 \geqslant 6mg/g$、BI（加权）$\geqslant 45\%$、R_o 为 0.8%～1.1%；Ⅱ类富集层，S_1 为 3～6mg/g、BI（加权）$\geqslant 40\%$ 或 $S_1 \geqslant 6mg/g$、BI（加权）为 40%～45%；Ⅲ类富集层，S_1 为 1～3mg/g、BI（加权）为 35%～45%。

据此，划分了歧页 1H 井沙一段页岩油富集层，Ⅰ类页岩油富集层 364m，主要分布在 4200～4600m 井段，地层占比 27.9%，对应 GR$\leqslant$84API，气测最高值 11.8%；Ⅱ类页岩油富集层 846m，主要分布在 4600～5200m 井段，地层占比 63.7%（图 7-4）。

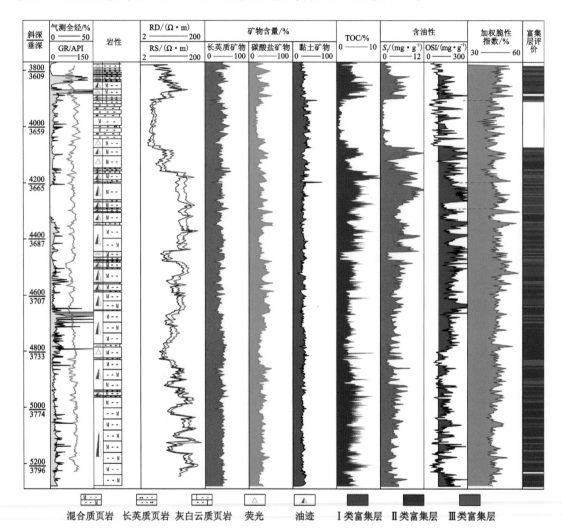

图 7-4 岐口凹陷歧页 1H 井沙一段页岩油富集层综合评价（据赵贤正等，2022b）

三、济阳坳陷

济阳坳陷沙四上、沙三下页岩油"甜点"的确定，主要从地质、工程 2 方面，综合考虑岩相、厚度、有机质丰度、含油性、可动性、储集性、可压性等参数，评价标准如下（杨勇，2023）。

（1）Ⅰ类"甜点"。①地质参数：有利岩相比例大于 60%，有利岩相集中段厚度大于 20m，

TOC>3%,S_1>4mg/g,φ(孔隙度)>6%;②工程参数:脆性矿物含量大于60%,非有利岩相单层厚度小于2m。

(2)Ⅱ类"甜点"。①地质参数:有利岩相比例为30%～60%,有利岩相集中段厚度大于20m,TOC>2%,S_1>2mg/g,φ>5%;②工程参数:脆性矿物含量大于50%,非有利岩相厚度小于3m。

(3)Ⅲ类"甜点"。①地质参数:有利岩相小于30%,有利岩相集中段厚度小于15m,TOC>2%,S_1>2mg/g,φ为3%～5%;②工程参数:脆性矿物含量大于50%,非有利岩相单层厚度小于5m。

"甜点"评价优选流程为:含油性参数定有利区,储集与含油性参数定有利层,"四性"参数叠合评价定靶段,工程可压性物理模拟定靶核(刘惠民等,2022)。

第二节 南襄盆地页岩油"甜点"评价

针对泌阳凹陷核三段,以TOC>2%、泥页岩单层厚度大于10m、连续厚度大于20m、夹层厚度小于3m为标准,纵向上识别出6个富有机质页岩层段。其中,处于核三段中下部的5号页岩层,以咸化半深湖—深湖相灰质页岩和黏土质页岩为主,局部发育白云质页岩,累计厚度23.5～445m,埋深2150～3195m,TOC为2.0%～4.68%,含油饱和指数OSI为14.5～494.93mg/g,地层压力系数1.01～1.40,脆性矿物含量51.1%～74.1%,平均64.1%,优选作为页岩油"甜点层"。

平面上,综合岩相、含油性、地层压力、夹层厚度、脆性矿物含量等参数,提出5号页岩层"甜点区"的评价标准(表7-1),并圈定出"甜点区"的分布(图7-5)。

表 7-1 泌阳凹陷深凹区核三段 5 号页岩层"甜点区"综合评价标准(据尚飞等,2018)

指标	Ⅰ类甜点区	Ⅱ类甜点区	Ⅲ类甜点区
含油饱和指数/(mg·g^{-1}TOC)	>300	>300	>200
自由烃差值/(mg·g^{-1}岩石)	<−4.0	<−4.0	<−2.0
地层压力系数	1.28～1.32	>1.28	>1.20
夹层厚度/m	>2	>2	<2
微裂缝	发育	不发育	不发育
脆性矿物/%	63～67	63～67	>60
岩相	灰质页岩	灰质页岩	灰质页岩

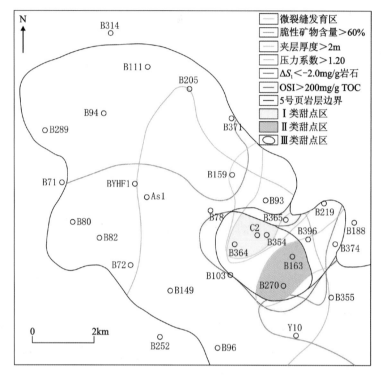

图 7-5　泌阳凹陷核三段 5 号页岩层"甜点区"预测图(据尚飞等,2018)

第三节　江汉盆地页岩油"甜点"评价

针对潜江凹陷潜江组盐间页岩油,首先提出页岩油勘探有利区评价标准:①单层厚度大于 8m,以纹层状白云岩泥质相为主;②$\omega(TOC) \geqslant 2.0\%$、$R_o \geqslant 0.7\%$;③孔隙度>8%、中值孔喉半径大于 40nm;④$S_1 \geqslant 5mg/g$;⑤压力系数大于 1.2,BI>50%,埋藏深度小于 4000m。据此,勘探有利区主要分布在潜江凹陷中北部广华—王场地区。

在勘探有利区范围内,在提出"甜点区"评价标准:①岩石密度小于 2.55g/cm³,声波时差大于 250μs/m;②可动油量 S_{1-1} 大于 0.25mg/g,含油饱和度指数大于 300mg/g;③厚度×S_1 大于 90m·mg/g。纵向上,认为潜江组 14 个主要页岩油层中,潜江组 3_4^{10} 韵律层最优。

在此基础上,识别出潜江凹陷潜江组 3_4^{10} 韵律层有利区面积 245km²,预测地质资源量 1.40×10^8 t,识别甜点区面积 98km²,预测地质资源量 0.45×10^8 t(图 7-6)。

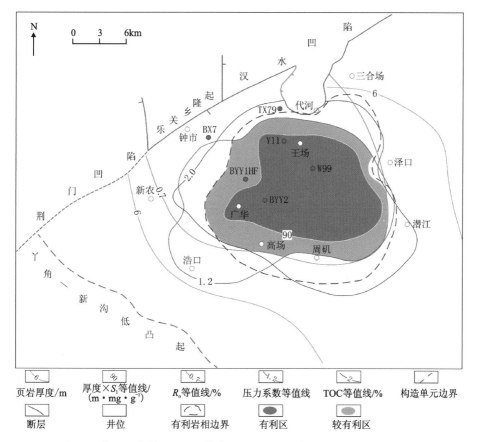

图 7-6 潜江凹陷潜江组 3_4^{10} 韵律盐间页岩油综合评价(据王韶华等,2022)

第四节 苏北盆地页岩油"甜点"评价

对于苏北盆地阜二段,通过对储集层性质、烃源岩品质、工程性质 3 方面的对比研究,提出"甜点"层段的划分标准。Ⅰ类"甜点层":TOC>2%,φ>4%,K(渗透率)>0.02×10^{-3} μm^2,BI>60%;Ⅱ类"甜点层":TOC 为 1%~2%,φ 为 2%~4%,K 为($0.002\sim0.02)\times10^{-3}$ μm^2,BI 为 40%~60%;Ⅲ类"甜点层":TOC<1%,φ 为 1%~2%,K 为($0.0001\sim0.01)\times10^{-3}$ μm^2,BI<40%(赖锦等,2022)。

针对溱潼凹陷阜二段泥页岩,综合考虑源岩品质、储集条件、地层能量及工程条件,重点叠合 TOC、R_o、S_1、厚度和岩性,评价优选页岩油"甜点区"。Ⅰ类"甜点区":粉砂质泥岩、纹层状泥灰岩、凝灰质泥,ω(TOC)>2.0% 的岩层累计厚度大于 40m,R_o>1.1%,S_1>2.0mg/g,φ 为 8%~12%,K 为($0.1\sim1.0)\times10^{-3}$ μm^2,裂缝非常发育,压力系数大于 1.2,ρ(密度)<0.82g/cm^3,脆性矿物含量大于 70%,埋深小于 3500m。Ⅱ类"甜点区":纹层状灰质泥岩或泥灰岩/层状泥灰岩,ω(TOC)>2.0% 的岩层累计厚度 30m~40m,R_o 为 0.9%~1.1%,S_1 为 0.5~2.0mg/g,φ 为 5%~8%,K 为($0.01\sim0.1)\times10^{-3}$ μm^2,裂缝发育,压力系数为 1.0~

1.2，ρ（岩石密度）为 0.82～0.87g/cm³，脆性矿物含量 60％～70％，埋深 3500m～4000m。Ⅲ类"甜点区"：块状泥岩/灰质泥岩，ω（TOC）＞2.0％的岩层累计厚度小于 30m，R_o 为 0.7％～0.9％，S_1＜0.5mg/g，φ＜5％，K＜0.01×10⁻³μm²，裂缝欠发育，压力系数小于1.0，ρ 为0.87～0.92g/cm³，脆性矿物含量小于 60％，埋深大于 4000m。据此标准可划分出页岩油"甜点区"（图 7-7）。

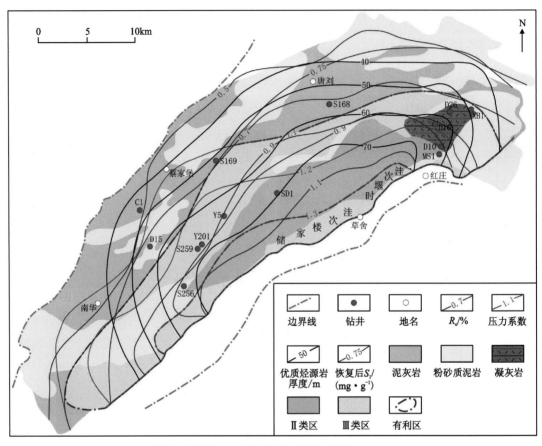

图 7-7　溱潼凹陷阜宁组二段页岩油"甜点"有利区（据昝灵等，2021）

第八章　资源潜力评价

第一节　评价方法

根据我国石油天然气行业标准《油气资源评价方法分类编码》（SY/T 5867—2012）》，油气资源量估算方法主要有成因法、类比法、统计法 3 大类 10 小类 18 种。成因法包括热压模拟法（干酪根热压模拟法、煤气发生率法）、化学分析法（氯仿沥青"A"法、有机碳质量平衡法）、数值模拟法（化学动力法、盆地模拟法、致密气聚集模拟法）3 小类 7 种方法。类比法包括资源丰度类比法（体积丰度类比法、面积丰度类比法）、基于生产性能的类比法—Forspan 法 2 小类 3 种方法。统计法包括统计趋势预测法（饱和勘探发现概率法、时间发现率法、进尺发现率法、老油田潜在储量增长预测法）、油气分布模型法［油田规模序列法（Pareto 定律法）、发现过程法（P. J. Lee 法）］、圈闭加和法、单井储量估算法、油气资源空间分布预测法。

页岩油资源评价主要有类比法、统计法、成因法、动态法 4 类 10 种方法（表 8-1）。根据国家标准《页岩油地质评价方法》（GB/T 38718—2020），宜采用容积法、类比法和质量含油率法评价页岩油资源潜力。在全国第四次油气资源评价中，页岩油气资源评价的总体思路是突出资源的现实性与可采性，中、低勘探程度区宜采用成因法和类比法，中、高勘探程度区宜采用统计法。

表 8-1　中国页岩油资源评价方法体系（据朱晨曦，2020）

方法名称	分类	应用范围
类比法	面积、体积丰度类比法	低勘探程度区
	分级资源丰度类比法	中、高勘探程度区
	EUR 类比法	中、高勘探程度区
统计法	容积法	低勘探程度区
	小面元容积法	中、高勘探程度区
成因法	资源空间分布预测法	中、高勘探程度区
	成藏数值模拟法	中、低勘探程度区
	物质平衡法	
动态法	递减法	中、高勘探程度区
	数值模拟法	

一、成因法

成因法是按照石油与天然气的成因机理，通过烃源岩生、排烃量的计算，最终估算出油气聚集总量的一种地球化学方法。

成因法是从油气成藏主控因素及成藏规律的认识出发，提炼出代表各主控因素的参数取值（孔隙度、渗透率、含油面积、油柱高度等），建立起具有可操作性的油气生烃量法则、运移-聚集模拟法则，确定符合地质规律的数学模型边界条件，实现地质思维与地质规律约束下的油气演化与分布的定量求解（钟雪梅，2017）。

成因法的前提是要全面理解生烃、运移、聚集等主要石油地质问题，建立相应的地质和数学模型；关键是正确选取地球化学参数，通过模拟恢复地层埋藏史、盆地热史、生烃史、排烃史、运聚史，计算烃源岩的生烃量，再按照油气运移聚集的主控因素，确定滞留烃量、排烃系数、运聚系数，分别计算页岩油气、致密油气、常规油气的资源量；并随勘探进程不断调整评价结果，确保结论更加趋于合理。该类方法更适用于中—低勘探程度区。

在这一评价过程中，干酪根生成的油气，排出源岩的部分，近距离运移或二次短距离运移至致密储层中的聚集成为致密油气藏，运移聚集到圈闭中的形成常规油气藏；未排出源岩的油气则形成页岩油气。对于页岩油气，可动资源量的评价更为关键。

盆地模拟即属于成因法的典型代表。

盆地模拟是基于油气地质条件，恢复含油气盆地的形成与演化，定量地模拟盆地的地史、热史、生烃史、排烃史、油气运聚史，从而可以系统地认识盆地内油气的变化与分布规律。

地史模拟，主要是根据地层的压实作用，恢复构造演化和沉积埋藏过程，重建各个地质历史时期目的层厚度、埋深以及对应的古地温、古压力等地质条件。模拟方法主要包括正演和反演，其中反演的回剥法是最常用的模拟方法。目前，重建地层厚度的地质模型主要有 3 个：地层压实校正模型、平衡剖面模型、构造沉降分析模型（韩思杰，2016）。

热史模拟，主要是恢复目的层的受热历史，包括古大地古热流值变化史、古地温变化史，以及烃源岩有机质的成熟度变化过程。热史与地层埋藏史密切相关。热史极大地影响着有机质的生烃、排烃、油气运移聚集等成藏过程与成藏期次。热史的研究方法主要有"Mckenzie"热沉降模型和古温标"Easy%R_o"法等。常用的古温标有镜质体反射率（R_o）、流体包裹体、磷灰石裂变径迹等。镜质体反射率反演法是热史模拟的常用方法之一（尹向烟，2018）。

生烃史模拟，主要是模拟沉积有机质的成熟历史，重建生烃过程。根据烃源岩的类型采用不同的热化学动力学模型和实验模拟产烃模型，通过对有机质成熟度的模拟，重构各地质时期有机质生烃量和生烃类型，计算生烃开始和结束时间、生烃高峰、生烃的中心区域、生烃强度等。

排烃史模拟，主要是模拟有机质产生的烃类自烃源岩向邻近层位排出的过程，主要模拟方法有压实模型、渗流力学模型等。

油气运聚史模拟，主要是模拟油气向最优圈闭运移聚集的过程，包括油气在各个时期的运移路径、运移过程、有利聚集区、聚集总量、运移路径上散失的资源量等，主要方法有达西渗流法、流体势流径法、侵入逾渗法等(韩思杰,2016)。

国外主要的商品化盆地模拟软件,例如 Schlumberger 公司的 PetroMod 系列软件、美国 Platte River 公司的 BasinMod 系列软件、法国石油研究院 IFP 的 TEMISPACK 软件包、德国有机地化研究所 IES 的 PetroMod2012 软件(表 8-2)等。

表 8-2 PetroMod2012 盆地模拟软件基本功能(据王世梁,2017)

模型	模拟内容	模拟方法	所需参数
地史	沉降史、埋藏史、构造演化史	回剥技术、平衡剖面技术	各层位构造图、地层沉积年代、沉积相图、砂地比图剥蚀厚度、古水深
热史	地温史、有机质演化史	构造热演化法、R_o-TT1 关系法、Easy%R_o 法	热导率、地温梯度、大地热流值、沉积水体界面温度
生烃史	生烃量、生烃时间	Behar 生烃动力学模型、产烃率曲线	源岩厚度、类型,有机碳含量,干酪根类型
排烃史	排烃量、排烃时间	压实排油法、物质平衡排气法	平面上岩性比例、垂向上岩性组合
运聚史	运移方向、运移时间、油气聚集区	流体势分析、数值模拟	断裂系统数据

我国石油企业与高等院校也相继研发出多种盆地模拟软件,如中国石油勘探开发研究院的盆地综合模拟系统 BASIMS;胜利油田与山东大学合作,采用算子分裂法求解三维模型,推出的视三维盆地模拟系统(SL3DBS);西北石油地质所与石油物探局合作研发的"盆地综合分析系统";中国石油大学(北京)与大庆油田联合研制的"盆地模拟与油气评价系统(BMPES)等(韩思杰,2016;王世梁,2017;钟雪梅,2017;尹向烟,2018)。

页岩油资源量多采用质量含油率方法进行计算,公式为

$$Q_{油} = S \times h \times \rho \times (0.1 \times S_1 \times Ks_{轻} - Ks_{吸} \times TOC) \tag{8-1}$$

式中:$Q_{油}$ 为页岩油资源量,10^4 t;S 为泥页岩面积,km^2;h 为泥页岩有效厚度,m;ρ 为泥页岩密度,g/cm^3;S_1 为热解游离烃量,mg/g;$Ks_{轻}$ 为轻烃校正系数;$Ks_{吸}$ 为干酪根吸附校正系数;TOC 为总有机碳,%。

可以看出,页岩油的质量含油率计算精度取决于轻烃校正系数和干酪根吸附校正系数(姜文亚等,2019)。

二、类比法

类比法是一种由已知区推测未知区的方法,即将预测区与那些油气地质和成藏条件与之相近或相似的刻度(样本)区进行类比,然后计算出预测区的油气资源量。

类比法是基于最大相似性的原则,如果预测区与刻度区有类似的源岩、储层、盖层、圈闭等成藏地质条件,则两者在较大概率下具有大致相等的油气资源丰度。根据预测区与刻度区的相似系数,得到预测区的资源丰度值,在结合预测区的面积、体积等参数,即可得到预测区

的油气资源量。常用的类比法有面积资源丰度类比法和体积资源丰度类比法。

类比结果的准确性主要取决于体积参数的取值、刻度区的选择，以及对预测区地质条件的认识程度。该类方法适用于不同勘探程度的目标评价，特别是在中—低勘探程度区的应用更为广泛。但在早期勘探阶段，类比法预测的资源量通常偏高。

类比取值是勘探目标地质评价中常用方法之一。刻度区的勘探程度要高于预测区。

资源评价中，分析预测区的地质条件、优选刻度区，需要综合考虑以下4个方面。

构造条件：页岩油气多保存在构造相对稳定的洼陷区及深洼斜坡区，关键成藏条件是构造稳定，地层倾角小。选择刻度区时，尽可能与预测区处于同一构造带。

烃源条件：烃源岩评价可参照常规油气的评价结果。页岩油气多为源内、微距离、近距离直接供烃，选择刻度区时，尽量与预测区处于相近的生烃强度范围内。

储层条件：页岩油气储层平面相对稳定。选择刻度区时，尽量与预测区处于相似的沉积相带与埋藏深度。

温度压力条件：页岩油气为典型的自封闭式源储一体化成藏，储层、流体性质与温度、压力条件关系密切，选择刻度区时，尽量选择与预测区发育相似深度域温压条件。

同时，要求刻度区已进行过系统的资源评价研究，且已钻井证实具有工业产能。面积资源丰度类比法的公式为

$$Q = \sum_{i=1}^{n} S_i \times K_i \times a_i \qquad (8\text{-}2)$$

式中：Q为预测区油气资源量，万 t；S 为预测区面积，km^2；a 为类比系数，$a =$ 预测区分值/刻度区分值；i 为评价区个数；K 为刻度区油气资源丰度，t/km^2。

对于中—低勘探程度区，多采用含油气量类比法、资源丰度类比法进行资源量计算。其中，含油气量类比法是重点考虑对含气量影响较大的有机质类型、有机质丰度、成熟度、黏土矿物类型、孔隙度、温度、压力等条件，利用统计模型，进行含油气量类比，进而计算页岩油气的资源量。

分级资源丰度类比法的主要流程：第一步，对预测区进行地质评价和内部区块分级，把预测区分成 A 类（核心区或甜点区）、B 类（有利区或扩展区）和 C 类（远景区）3 个级别若干个地质单元（图 8-1）；第二步，选择与所分类区地质特征相似的刻度区分别进行类比评价；第三步，分别计算各个预测分级区对应的相似系数、不同分级区的地质与可采资源量。

EUR 类比法是页岩油气资源评价常用方法之一。EUR 是单井最终可采储量的简称，指已经生产多年以上的开发井，根据产能递减规律，运用趋势预测方法估算的该井最终可采储量。EUR 类比法是通过已开发井的 EUR 类比预测区的单井平

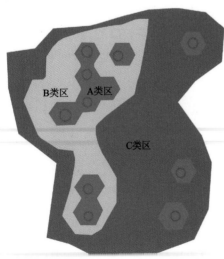

图 8-1　油气资源评价预测区分类图
（据王信楣，2018）

均 EUR,再根据井网部署情况计算出预测区的资源量。与分级资源丰度类比法的原理相似,EUR 类比法也需要对预测区进行分类,大致分为 A 类区、B 类区、C 类区三大类(图 8-2),同时计算出各类区块的面积;再把典型井作为单井 EUR 与刻度区进行类比,分别建立 3 类区不同类型井的单井 EUR 曲线,推算出所需的重要参数,包括井控面积、EUR 均值、采收率等;最后类比计算预测区的最终可采资源量。单井 EUR 计算的关键是选择典型生产井作为刻度井,并通过多井建立不同类型生产井的 EUR 概率分布曲线,以此作为类比评价的依据。单井控制面积的准确性决定了 EUR 法资源量计算的精度,井控面积的确定一般以储层研究为基础,充分利用动态分析成果,形成动、静结合的井网优化技术,从而确定合理的井控范围。分类区与刻度区地质条件越接近,井控面积、EUR 参数、可采资源量等参数的准确性就越高。EUR 类比法参数来自油井的实际生产数据,评价结果较保守,但更可靠。

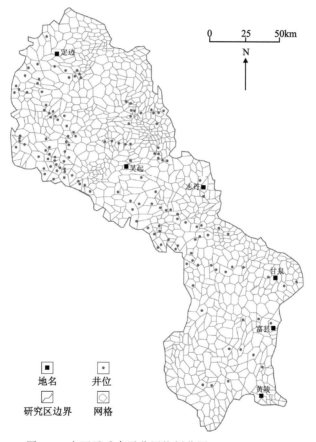

图 8-2　小面元垂直平分网格划分图(据王信棚,2018)

实际计算过程中,往往将 Forspan 类比法与 EUR 类比、资源网格密度法等结合使用,首先对预测区进行网格划分并分级,然后分块类比 EUR,最后用储层容积对预测的资源量进行校正,使预测结果更加可靠。

三、统计法

统计法通过对成熟区的解剖研究,建立各种因素与已发现油气资源规模之间的统计模型,进而预测出未发现油气资源量的规模。

页岩油气资源评价常用的统计方法主要为容积法、体积法等。

容积法是通过计算页岩储层中储集空间的容积以及其中含油气量,进而计算油气资源量。该方法适用于计算页岩储层中游离油气的资源量,需要的参数包括含油气面积、油气层有效厚度、有效孔隙度、原始含油气饱和度、原油体积系数/天然气偏差系数、地面原油密度等。

体积法是通过计算吸附在泥页岩黏土矿物颗粒和有机质表面的吸附油气体积,主要计算泥页岩的吸附油气资源量,需要的参数包括含油气面积、油气层有效厚度、吸附气含量/原始体积含油率、页岩密度等。

容积法和体积法适用于以静态资料为主,油气未开发或开发时间较短且动态资料较少的情况。对于每项参数,可采用井点平均值或均匀分布、三角分布等参数分布形式输入,然后通过若干次随机模拟得到累积概率曲线图和频数直方图,最后计算出不同概率分布的资源量及资源量的期望值。

四、关键参数研究

1. 烃产率

不同类型的干酪根,在不同热演化阶段,当所处的压力和温度不同时,有机质的烃产率是不同的。常见的烃产率求取方法有3种:物质平衡法、化学动力法和热模拟实验法。其中,最常用的是热模拟实验法,该方法是指在实验室条件下模拟长期地质历史中烃源岩随地温的变化过程,是通过在短时间内增温的方法来弥补时间上的不足。常用的烃产率热模拟实验方法有热解气相色谱(质谱)法、体积流热解法、密闭容器热解法,实验封闭状况包括半开放、开放和封闭体系等模拟系统(张延东,2012)。

深层存在多种类型的烃源岩,包括湖相烃源岩、海相碳酸盐岩、煤系烃源岩、凝灰质源岩。近年来的研究和实验表明,深层烃源岩在较高的热演化阶段仍具有一定甚至很大的成烃潜力。最新的生烃动力学实验和油气生排模拟实验表明,即使在 R_o 值为 2.4% 时,生成的油并没有全部裂解成甲烷气,主要还是以油的形式存在(葛昭蓉,2017)。

从 20 世纪七八十年代开始,国内学者通过对碳酸盐岩烃源岩的发育环境研究,认识到台缘斜坡、前缘斜坡、近滨潟湖、前礁、半闭塞—闭塞欠补偿海湾、欠补偿浅水—深水盆地等沉积相带是优质烃源岩的发育环境。国内学者对海相碳酸盐岩烃源岩成烃机理方面进行研究并提出了碳酸盐岩烃源岩具有三个主生烃阶段,建立了碳酸盐岩烃源岩"三段式"成烃模式:①碳酸盐岩烃源岩主要形成于咸化—偏碱性的沉积环境,生烃母质主要为低等水生生物,埋藏过程中转化成优良的成油母质,为未熟—低熟油的生成提供了良好的物质基础;②有机质的成烃演化过程由于受到海相沉积环境的抑制作用,使得干酪根的生油下限 R_o 下移了 0.3%(任东超,2017)。

2. 排烃系数

排烃系数(效率)是指排出烃源岩的油气量占烃源岩总生烃量的比例,排烃效率乘以生烃量即为排烃量,剩余的即为页岩油气量,是成因法油气资源评价中的关键参数。

研究表明,烃源岩中的残留烃量只有达到某个临界值(残留烃临界饱和度),即当泥页岩热演化生成的烃量满足了自身各种吸附残留(孔隙水溶、油溶和毛细管封闭等)之后,油气才开始以游离相大量排烃,这个临界值可称为排烃门限(图 8-3)。

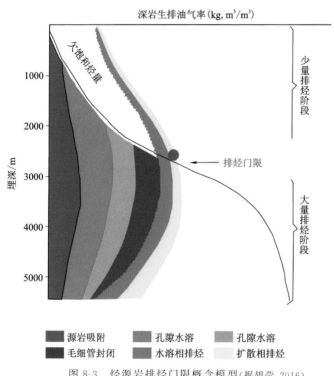

图 8-3　烃源岩排烃门限概念模型(据胡莹,2016)

排烃系数主要通过盆地模拟法、有机热压实验模拟法以及有机地化法等方法进行研究(张延东,2012)。盆地模拟法是利用地质模型和数学模型研究烃源岩的排烃特征,以此确定排烃系数。

热压模拟实验法是通过研究烃源岩的生烃量和排烃量来计算排烃系数。有机地化法是根据物质平衡原理,认为烃源岩在生排烃前后的有机质总量保持不变,排烃量等于原始有机质质量减去烃源岩中的残留烃量,排烃量与生烃量的比值即为排烃系数。

应用生烃潜力指数$[(S_1+S_2)/TOC]$研究烃源岩排烃系数步骤如下(胡莹,2016):①计算排烃率(mg/g),利用热解地化实验资料,建立烃源岩生烃潜力指数剖面(图 8-4),确定排烃门限(深度或热演化程度,m 或 R_o),计算不同深度的排烃率;排烃率为原始最大生烃潜力指数与现今生烃潜力指数之差。②计算排烃系数(t/km²):由排烃率结合烃源岩厚度、密度、TOC等指标计算得出排烃强度;排烃强度为单位面积烃源岩排出的烃量,由烃源岩厚度、烃源岩密度、原始有机碳含量、排烃率的乘积而得。③计算排烃量(t)：由排烃强度在平面上进行面积积分，即得到预测区烃源岩层段的排烃量。④计算排烃系数(%)：由排烃量与生烃量的比值而得。

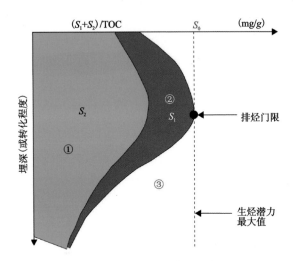

图 8-4　生烃潜力指数研究排烃系数概念模型(据胡莹，2016)

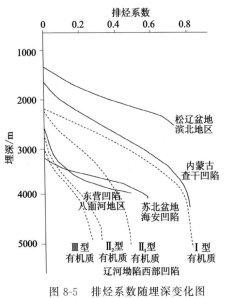

图 8-5　排烃系数随埋深变化图
(据林腊梅，2013)

在实际计算中，一般用源岩单位有机质的排烃量与生烃量的比值求取。由于岩石热解仪方法和技术的限制，容易导致 S_1 轻烃散失和 S_2 重烃缺失，因此有必要恢复 S_1 的轻质烃挥发损失量，同样有必要扣除 S_2 中的高碳数烷烃、芳烃与胶质、沥青质热解得到的烃类。

总体来看，有机质类型越好(从Ⅲ型到Ⅰ型)，排烃系数越高；有机质丰度越高，排烃系数越高；有机质成熟度越高，排烃系数越高(图 8-5)；源岩层与储层压差越大，排烃系数越高；源岩层与储层接触面积越大，排烃系数越高。

据松辽盆地青山口组泥页岩实测地化数据分析，当 TOC 小于 2%～3% 时，排烃系数随 TOC 的增大而增大，之后排烃系数基本不变，保持在 60%～70% 之间。当 R_o 为 0.7%～0.9% 时，排烃系数 10%～30%；R_o 为 0.9%～1.1% 时，排烃系数 30%～50%；$R_o > 1.1%$ 时，排烃系数基本稳定在 50%～60% 之间(胡莹，2016)。表 8-3 为部分地区主力烃源岩排烃系数统计情况。

表 8-3　部分地区典型井主力烃源岩排烃系数表（据林腊梅，2013）

单元		典型井主力源岩段排烃系数
辽河坳陷	西部凹陷	23%～27%
	大民屯凹陷	20%
	东部凹陷	26%～30%
济阳坳陷	东营凹陷	30%～36%
苏北盆地	海安凹陷	30%～40%
	高邮凹陷	50%～60%
江汉盆地		17%～32%

3. 有机质丰度

根据我国石油天然气行业标准《烃源岩地球化学评价方法》（SY/T 5735—2019），有机质丰度是指沉积岩中所含的有机质数量，常用剩余有机碳 TOC、氯仿沥青"A"、生烃潜量 S_1+S_2、总烃含量 C_H、氢指数 I_H 等参数表示。有机质丰度决定了生烃量。

总有机碳含量是普遍采用的有机质丰度指标，其既包含岩石中的不溶有机质——干酪根中的碳，也包含岩石中可溶有机质中的碳，故称总有机碳。目前源岩样品中实测得到的有机质含量只是烃源岩中残余有机质含量。如果有机质成熟度不高、有机质的烃类转化率较低时，可以将烃源岩中残余有机质含量近似地看作烃源岩有机质含量。如果有机质成熟度较高、有机质转化率较高时，需要对残余有机质含量进行补偿，求取原始有机质含量。

金强（1989）根据大量实验数据，得出了原始总有机碳含量的恢复系数。对其进行拟合，得到不同类型干酪根所有 R_o 值对应的恢复系数，再根据实测有机碳含量、氯仿沥青"A"及对应的恢复系数，即可求得原始总有机碳含量（图 8-6）。

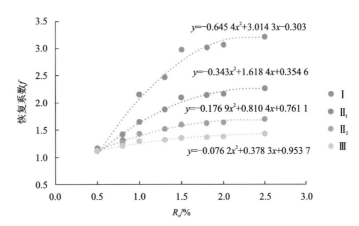

R_o/%	I	II_1	II_2	III
0.5	1.17	1.13	1.12	1.11
0.8	1.42	1.31	1.26	1.20
1.0	2.15	1.66	1.44	1.29
1.3	2.47	1.88	1.52	1.32
1.5	2.97	2.10	1.60	1.36
1.8	3.02	2.14	1.63	1.37
2.0	3.06	2.17	1.64	1.38
2.5	3.21	2.27	1.70	1.44

图 8-6　不同类型干酪根恢复系数（据冯留雷，2016）

实际工作中，常用测井曲线拟合计算 TOC 值。其原理是，根据水和黏土有导电性、有机质（包括油气）具有非导电性的电性差异，在围岩压实程度相同、矿物成分类似的情况下，水或黏土含量增大时,基质的测井曲线响应特征是对应的声波时差 AC 增大、电阻率 Rt 降低;有机质含量增大时,对应的 AC 增大、Rt 增大。将声波时差曲线与电阻率曲线相背叠合时,两条曲线的幅度差即为 ΔlgR。AC 增大、Rt 增大,意味着两条曲线之间将出现幅度差,幅度差越大代表有机质含量越大;而 AC 减小、Rt 减小时,则意味着两条曲线接近重合,曲线重合则意味着此处无有机质含量为非烃源岩。用测井方法得到有机质含量大小,可以间接代表源岩的有机质丰度大小(钟雪梅,2017)。

氯仿沥青"A"是源岩中可溶于氯仿的烃类和非烃类可溶有机质,包括饱和烃、芳香烃、沥青质和胶质。氯仿沥青"A"本质上是源岩经历生、排烃之后,残留在烃源岩中的可溶有机质,反映的是残余有机质丰度,要准确反映原始有机质丰度也要进行轻烃的校正补偿。由于氯仿沥青"A"为液态石油运移后的剩余部分,是尚未运移出去的滞留于源岩内的原油,其含量可用来评价页岩油含量。

总烃含量 C_H 为氯仿沥青"A"族组分中饱和烃与芳香烃之和,通常用占岩石质量的百万分比作为单位。总烃能反映烃源岩中烃类的丰度,有时也用来判断源岩的成熟度。

氯仿沥青"A"和总烃含量 C_H 本质上反映的是泥页岩中的可溶有机质含量,即残留在源岩中的液态可溶烃含量,对评价页岩油——残留在页岩中的液态烃来讲,具有重要的意义。

在生烃潜量 S_1+S_2 中,S_1 为游离烃含量,相当于岩石中已经生成但尚未排出的游离烃;S_2 为裂解烃含量,包括液态烃和气态烃,是岩石中能够产烃但尚未生烃的有机质,对应着不溶有机质中的可产烃部分。生烃潜量 S_1+S_2 既包括了烃源岩中已经生成的烃,又包括了潜在的生烃量,是评价源岩生烃能力的重要指标。

研究显示,在热演化程度较高的烃源岩中,氯仿沥青"A"、总烃 C_H 在实验分析中出现损失的可能性会很大,此时,氯仿沥青"A"与总烃 C_H 已不具评价有机质丰度的参考性(任东超,2017)。

4. 采收率

采收率是指按照目前成熟可实施的技术条件,预计技术上从油气藏中最终能采出的石油天然气量占地质储量的比率数。经济采收率则是指按照目前成熟可实施的技术条件,达到盈亏平衡点时的油气藏累计产量占地质储量的比率数。采收率是随着开采技术改变、开发方式调整以及油气开发动态情况的变化而变化的。

计算页岩油气采收率,对于开发生产中后期的油田采用产量递减法、数值模拟法等,对于未投入开发或处于生产初期的区块,主要类比成熟已开发区确定采收率。

第二节　资源潜力

根据全国第四次油气资源评价,即"十三五"资源评价,东部油气区重点含油气盆地页岩油地质资源量 111.01×10^8 t,只有辽河坳陷评价了页岩气地质资源量 3173×10^8 m³(表8-4)。

表 8-4 东部油气区主要含油气盆地页岩油气地质资源量分布表

主要盆地		页岩油		页岩气	
		评价单元	资源量/ $\times 10^8$ t	评价单元	资源量/ $\times 10^8$ m³
渤海湾盆地	辽河坳陷	西部凹陷沙四段、大民屯凹陷沙四段	4.65	东部凸起太原组、西部凹陷沙三段	3173
	黄骅坳陷	沧东凹陷孔二段、南堡凹陷沙三段、岐口凹陷沙三—沙一段	34.37		
	冀中坳陷		未评价		
	济阳坳陷	东营、沾化、车镇、惠民凹陷沙四上—沙三下	40.46		
	东濮凹陷	东濮凹陷沙四上、沙三下、沙三中	7.28		
	小计		86.76		3173
南襄盆地		泌阳凹陷古近系	2.86		
江汉盆地		潜江、江陵、仙桃、陈沱口凹陷潜江组、新沟嘴组	14.29		
苏北盆地		高邮、金湖、溱潼	7.1		
合计			111.01		3173

一、渤海湾盆地

1. 辽河坳陷

在全国第三次油气资源评价中,估算辽河坳陷古近系生油量 404.00×10^8 t,排油量 192.00×10^8 t,残留油量 212.00×10^8 t,页岩油地质资源量 10.6×10^8 t(武晓玲等,2013)。

在全国第四次油气资源评价中,在岩性岩相、泥页岩厚度、TOC、R_o、S_1、φ、脆性矿物含量等基本地质条件研究的基础上,多因素叠合分析,认为辽河坳陷西部凹陷雷家地区、大民屯凹陷中央构造带沙四段发育页岩油有利区(图 8-7)。

针对辽河坳陷页岩油,利用小面元容积法和体积法,计算辽河坳陷 3 个评价单元页岩油地质资源量 4.65×10^8 t,可采资源量 0.38×10^8 t。评价西部凹陷雷家沙四段含碳酸盐岩页岩油有利区,含油面积 401km²,厚度 34.4m,孔隙度 11.4%,充满系数 64.5%,含油饱和度 60%,计算页岩油地质资源量 2.30×10^8 t,可采资源量 0.184×10^8 t。评价大民屯凹陷中央构造带沙四段含碳酸盐岩页岩油有利区,含油面积 168km²,厚度 60m,孔隙度 6.0%,含油饱和度 40%,计算页岩油地质资源量 1.26×10^8 t,可采资源量 0.104×10^8 t。评价大民屯凹陷中央构造带沙四段纯页岩型页岩油,含油面积 100km²,厚度 65m,计算页岩油地质资源量 1.09×10^8 t,可采资源量 0.088×10^8 t(胡英杰等,2019;郑民等,2021)。

辽河坳陷沙三段深层页岩气主要分布在西部凹陷的沉积中心,例如,双兴 1 井在 4000～

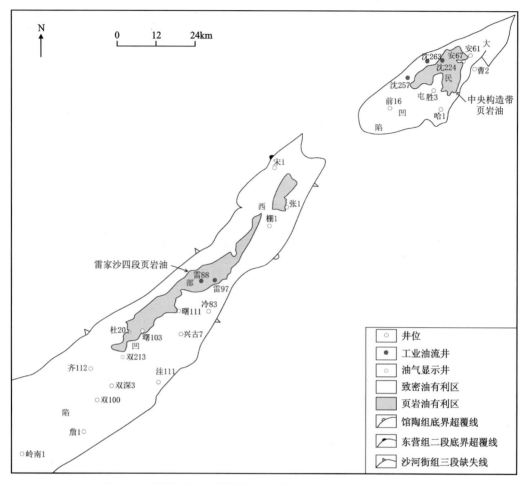

图 8-7　辽河坳陷沙四段页岩油有利区分布图（据胡英杰等，2019）

5000m 深度，泥页岩 TOC、R_o、现场解吸气量均达到页岩气工业开采标准。按照 TOC 下限值 1%，R_o 下限值 1.1%，含气泥页岩厚度超过 30m 起算，沙三中、沙三下页岩气有利区位于鸳鸯沟—双台子地区（图 8-8）。采用体积法预测，辽河西部凹陷沙三中页岩有效含气面积 70km²，有效厚度 275m，岩石密度 2.35g/cm³，总气量 2.15m³/t，计算页岩气地质资源量 1020×10⁸ m³，可采资源量 122×10⁸ m³；沙三下页岩有效含气面积 270km²，有效厚度 70m，岩石密度 2.36g/cm³，总气量 2.10m³/t，计算页岩气地质资源量 1414×10⁸ m³，可采资源量 170×10⁸ m³。辽河坳陷沙三段深层页岩气地质资源量合计 2434×10⁸ m³，可采资源量 292×10⁸ m³。

2. 黄骅坳陷

在全国第三次油气资源评价中，估算黄骅坳陷古近系生油量 117.80×10⁸ t，排油量 40.11×10⁸ t，残留油量 77.69×10⁸ t，页岩油地质资源量 3.89×10⁸ t（武晓玲等，2013）。

在全国第四次油气资源评价中，主要评价黄骅坳陷沧东凹陷孔二段、南堡凹陷沙三段、岐口凹陷沙三段—沙一段的页岩油，预测页岩油地质资源量 34.37×10⁸ t。

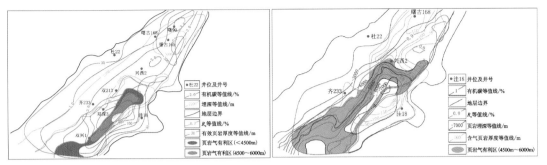

图 8-8　西部凹陷沙三中(左)、沙三下(右)页岩气有利区评价图(据王延山等,2018)

针对沧东凹陷孔二段页岩油,通过建立生排烃模式(图 8-9),计算沧东凹陷孔店组烃源岩总生油量 53.52×10^8 t,其中,干酪根吸附量 14.17×10^8 t,总排烃量 26.85×10^8 t,烃源岩残留量 12.50×10^8 t。通过常规与密闭取心分析,R_o 为 $0.6\%\sim1.0\%$ 的样品,S_1 损失量 $40\%\sim61\%$,平均 49%,因此,S_1 轻烃校正系数在 2 左右。通过生排烃演化分析,孔二段烃源岩埋深大于 2550m 时开始大量排烃,排烃之前,氯仿沥青"A"/TOC 最大 0.28,因此,推测干酪根最大吸附量校正系数为 0.28(图 8-10)。由此计算每吨岩石的页岩油质量含油率为 4.88kg。小面元容积法和资源丰度类比法计算得出页岩油地质资源量约为 6.75×10^8 t(姜文亚等,2019)。

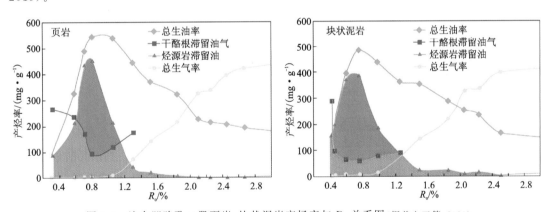

图 8-9　沧东凹陷孔二段页岩、块状泥岩产烃率与 R_o 关系图(据姜文亚等,2019)

针对南堡凹陷沙三段页岩油,绘制轻烃校正后的残留烃指数 S_1/TOC 与 R_o 关系散点图,求取加权平均值后,得到残留液态烃率随 R_o 的演化曲线(图 8-11),采用体积法计算,得到页岩油资源量。具体来讲,南堡凹陷沙三段烃源岩累计生烃 111.6×10^8 t,排烃 40.09×10^8 t,残留烃 71.51×10^8 t。其中常规油排出量 26.19×10^8 t,致密油排出量 13.9×10^8 t,残留在烃源岩内的页岩油资源量 17.71×10^8 t(李亚茜,2019)。

岐口凹陷页岩油主要分布在沙三段一亚段和沙一下 2 套层系之中。

岐口凹陷沙三段一亚段半深湖—深湖相泥页岩,以长英质页岩和碳酸盐质页岩为主,单层厚度 $7\sim96$ m,累计厚度 434m,埋深 $3100\sim4400$ m,R_o 为 $0.6\%\sim1.1\%$,泥页岩处于大量生油阶段,页岩油"甜点"面积 256km^2(图 8-12)。采用体积含油率法,计算岐口凹陷沙三段一亚段页岩油资源量约 4.1×10^8 t(周立宏等,2021)。

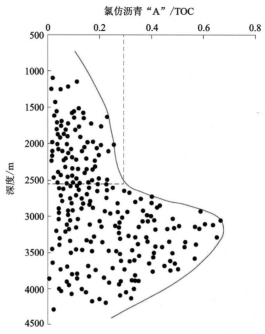

图 8-10　沧东凹陷孔二段氯仿沥青"A"/TOC 随深度演化图(据姜文亚等,2019)

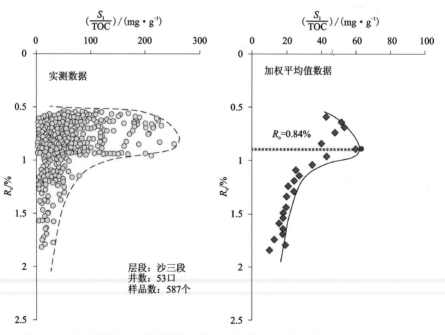

图 8-11　南堡凹陷沙三段烃源岩残留液态烃率随 R_o 演化剖面(据李亚茜,2019)

歧口凹陷沙一下页岩油,以暗色泥岩、油页岩、富有机质页岩为主。暗色泥岩面积 5064km²,厚度范围 50～1200m;油页岩面积 3027km²,厚度范围 15～35m。采用体积法计算,页岩油地质资源量 $5.81×10^8$ t,可采资源量 $1.36×10^8$ t(蔚远江等,2021)。

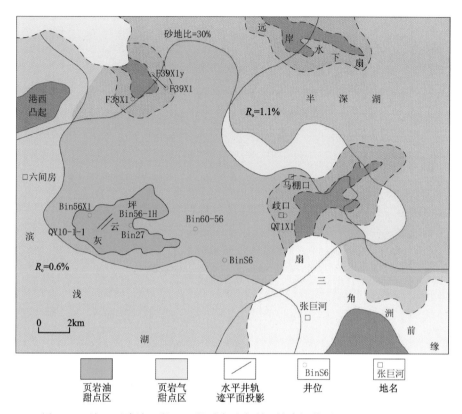

图 8-12　岐口凹陷沙三段一亚段页岩油有利区综合评价图(据周立宏等,2021)

黄骅坳陷页岩气主要分布在中—北区岐口、板桥、北塘凹陷的沙三段和沙一段。总体来看,泥页岩累计厚度大于 1000m,TOC>1.0%,有机质类型以 II_1、II_2 型为主,热演化程度以成熟—高成熟为主,储集性能较好,具备良好的页岩气条件。经过综合研究,提出该区页岩气有利区评价标准:页岩连续厚度大于 15m,TOC>1.0%,R_o>0.9%,埋深小于 4500m,地层压力系数大于 1.0,同时考虑保存条件。初步估算沙三段、沙一段页岩气总远景资源量 $4600 \times 10^8 m^3$,沙三段占 73%。其中,岐口凹陷西南部及张巨河地区沙三段最为富集,有利区面积 $117.82 km^2$(图 8-13)。

3. 济阳坳陷

在全国第三次油气资源评价中,估算济阳坳陷古近系生油量 $631.60 \times 10^8 t$,排油量 $151.70 \times 10^8 t$,残留油量 $479.90 \times 10^8 t$,页岩油地质资源量 $24.00 \times 10^8 t$(武晓玲等,2013)。

在全国第四次油气资源评价中,济阳坳陷古近系页岩油主要是计算页岩滞留油量与吸附油量的差值,从而得到页岩油中的游离油量。其中,滞留油量采用对氯仿沥青"A"热解参数进行补偿校正后得到,总吸附烃量是根据干酪根及矿物吸附能力实验结合埋藏条件综合确定。经计算,济阳坳陷沙四上—沙三下泥页岩滞留油总量 $237 \times 10^8 t$;其中,沙四上泥页岩厚度 $150 \sim 600m$,TOC 为 $1.0\% \sim 4.0\%$,以 I 型干酪根为主,R_o 大部分大于 0.7%,滞留烃资源量约 $87 \times 10^8 t$;沙三下泥页岩厚度 $150 \sim 900m$,TOC 为 $2\% \sim 5\%$,以 I 型干酪根为主,R_o 大

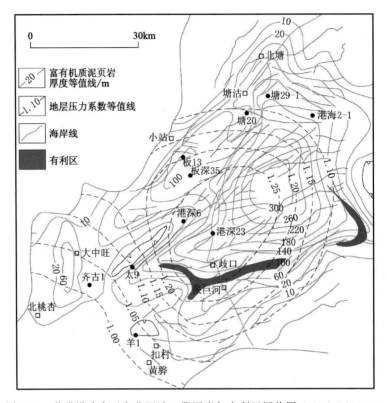

图 8-13　黄骅坳陷中区和北区沙三段页岩气有利区评价图(据何建华等,2016)

部分大于 0.5%,滞留烃资源量约 $158×10^8$ t。济阳坳陷沙四上—沙三下泥页岩吸附油总量 $196×10^8$ t。游离油总量即页岩油地质资源量 $40.46×10^8$ t;按成熟度划分,R_o 为 0.5%~0.7% 的游离油总量 $14×10^8$ t,R_o 为 0.7%~0.9% 的游离油总量 $20×10^8$ t,$R_o>0.9%$ 的游离油总量 $7×10^8$ t,中—低成熟度游离油合计占游离油总量的 82.9%;按地区划分,东营凹陷游离油总量 $23.25×10^8$ t、沾化凹陷游离油总量 $9.19×10^8$ t、车镇凹陷游离油总量 $4.24×10^8$ t、惠民凹陷游离油总量 $3.78×10^8$ t(图 8-14)。

4. 东濮凹陷

对东濮凹陷 119 口井沙三下页岩油层段 1209 块样品分析表明,北部咸水区好于南部淡水区。北部泥页岩 $ω(TOC)=0.87%$,氯仿沥青"A"=0.17%,$(S_1+S_2)=6.17$ mg/g;南部泥页岩 $ω(TOC)=0.36%$,氯仿沥青"A"=0.06%,$(S_1+S_2)=2.31$ mg/g。采用体积法进行计算,东濮凹陷沙三下页岩油地质资源量 $10.67×10^8$ t,其中,I 类[$ω(TOC)>1%$、氯仿沥青"A">0.4%]为 $6.7×10^8$ t,II 类[$ω(TOC)$ 为 1%~2%、氯仿沥青"A"为 0.1%~0.4%]为 $6.7×10^8$ t,III 类[$ω(TOC)$ 为 0.1%~1%、氯仿沥青"A"<0.1%]为 $6.7×10^8$ t(黄爱华等,2017)。

盆地模拟表明,东濮凹陷沙三中 5~9 小层 $ω(TOC)>1%$ 且 $R_o>0.6%$ 的有效生油面积 474 km²,生烃总量 $5.58×10^8$ t,排烃总量 $2.04×10^8$ t,滞留油总量 $3.54×10^8$ t,游离油总量 $1.45×10^8$ t,可动油总量 $0.44×10^8$ t。平面上,可动油资源主要分布在柳屯次洼、前梨园次洼、

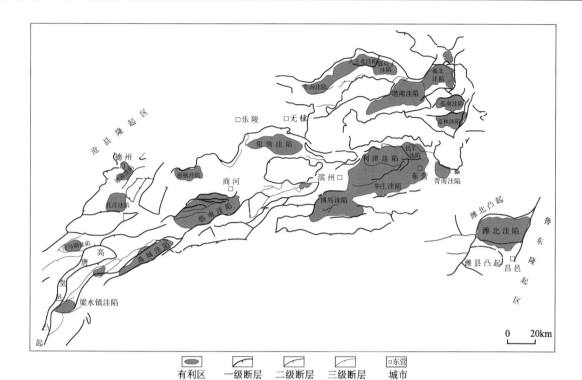

图 8-14　济阳坳陷页岩油勘探有利区分布图(据刘惠民等,2022)

图例：有利区　一级断层　二级断层　三级断层　城市

海通集次洼、濮卫次洼和卫城斜坡带(图 8-15)。纵向上,可动油资源主要分布在 3500～4500m,占 64.9%;按成熟度划分,可动油资源主要分布在 R_o 为 0.9%～1.3%范围区间,占 52.8%;按有机碳含量划分,可动油资源主要分布在 TOC 为 1.0%～2.0%范围区间,占 47.8%,TOC>2.0%范围,仅占 10.7%(李浩等,2020)。

在全国第四次油气资源评价中,重点评价东濮凹陷北部濮卫—文留地区沙四上、沙三下、沙三中页岩油。在滞留油模拟结果基础上,结合可动系数,计算东濮凹陷古近系页岩油有利区地质资源量为 $7.28×10^8$ t。

二、南襄盆地

在全国第三次油气资源评价中,估算泌阳凹陷古近系生油量 $24.10×10^8$ t,排油量 $9.67×10^8$ t,残留油量 $14.43×10^8$ t,页岩油地质资源量 $0.72×10^8$ t(武晓玲等,2013)。

在全国第四次油气资源评价中,评价泌阳凹陷古近系页岩油地质资源量 $2.86×10^8$ t,可采资源量 $0.223\ 2×10^8$ t。

针对泌阳凹陷核三段页岩油,按照 TOC>0.5%、部分 TOC>2%,1.1%>R_o>0.5%,累计厚度大于 30m,最小单层厚度大于 6m,砂岩及碳酸岩夹层厚度小于 3m,泥地比大于 60%;埋深小于 5000m;气测异常明显,顶、底板为致密岩层,内部无明显水层等标准,综合分析富含有机质页岩段厚度、氯仿沥青“A”、含气量,以及页岩密度、原油密度、体积系数等参数,计算泌阳凹陷核三下 5 个主力层:核三 3 底、核三 3 中、核三 2、核三 1、核二 2 的页岩油地质资源量为 $4.225\ 3×10^8$ t,可采资源量为 $3360×10^8$ t;计算核三下 4 个主力层:核三 8、核三 7、核三 6、

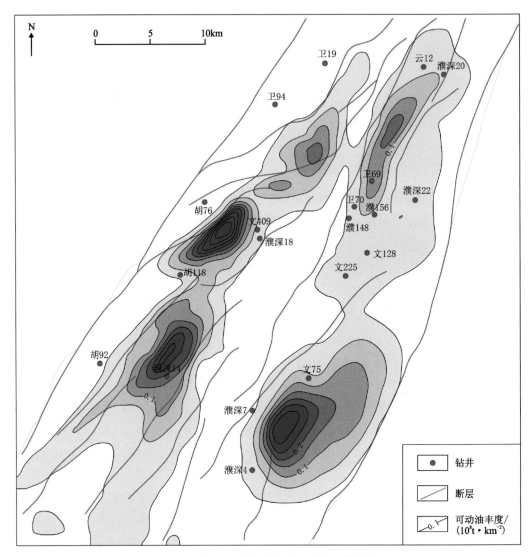

图 8-15　东濮凹陷沙三中 5～9 小层页岩可动油丰度等值图(据李浩等,2020)

核三 5 的页岩气地质资源量为 $729 \times 10^8 m^3$,可采资源量为 $131 \times 10^8 m^3$(朱景修等,2015)。

三、江汉盆地

在全国第三次油气资源评价中,估算江汉盆地古近系生油量 $90.78 \times 10^8 t$,排油量 $11.74 \times 10^8 t$,残留油量 $79.04 \times 10^8 t$,页岩油地质资源量 $3.95 \times 10^8 t$(武晓玲等,2013)。

在全国第四次油气资源评价中,针对江汉盆地潜江组、新沟嘴组两套主力页岩油层系,共评价页岩油地质资源量 $14.29 \times 10^8 t$,可采资源量 $2.04 \times 10^8 t$。

针对潜江凹陷潜江组页岩油,选取王场背斜带北断块潜江组 3_4^{10} 韵律段刻度区面积 $15.7 km^2$,页岩油层厚度 $10.5m$。制定页岩油资源量起算标准:盐间韵律层泥页岩段厚度大于 $5m$;有效厚度界限 $\omega(TOC) \geqslant 1\%$,$R_o$ 为 $0.7\% \sim 1.3\%$;泥页岩连续分布的含油面积大于

$30km^2$,埋深小于4500m,同时考虑保存条件。在此基础上,针对14个韵律层,利用盆地模拟、热解参数法、体积法、资源丰度类比法4种方法综合评价,测算潜江凹陷潜江组页岩油含油面积702.3km²,页岩油地质资源量 $8×10^8t$,可采资源量 $1.26×10^8t$。从层系上,潜江组 $3_4{}^{10}$ 单韵律层页岩油地质资源量 $1.85×10^8t$,可采资源量 $0.29×10^8t$;潜江凹陷潜 $4_下{}^{(4-34)}$ 复韵律层页岩油地质资源量 $1.65×10^8t$,可采资源量 $0.25×10^8t$。从深度上,埋深 $2000\sim3500m$ 的地质资源量为 $6.93×10^8t$,可采资源量 $1.09×10^8t$,占潜江组总地质资源量的87%;埋深 $3500\sim4500m$ 的地质资源量 $1.07×10^8t$,可采资源量 $0.17×10^8t$,占潜江组总地质资源量的13%;埋深小于2000m,无页岩油资源量。按级别分,Ⅰ类地质资源量 $2.43×10^8t$,可采资源量 $0.38×10^8t$;Ⅱ类地质资源量 $5.57×10^8t$,可采资源量 $0.88×10^8t$(王韶华等,2022)。

此外,全国第四次油气资源评价还计算了潜江、江陵、仙桃、陈沱口4个凹陷新沟嘴组下段Ⅱ油组页岩油含油面积 $2155.3km^2$,页岩油地质资源量 $6.29×10^8t$,可采资源量 $0.77×10^8t$。

四、苏北盆地

在全国第三次油气资源评价中,估算苏北盆地古近系生油量 $125.10×10^8t$,排油量 $31.96×10^8t$,残留油量 $93.14×10^8t$,页岩油地质资源量 $4.66×10^8t$(武晓玲等,2013)。

在全国第四次油气资源评价中,预测苏北盆地古近系页岩油地质资源量 $7×10^8t$,有利区主要分布在高邮、金湖、溱潼凹陷(姚红生等,2021)。

参考文献

白桦,2017.南堡凹陷低孔渗介质条件下油气可动性研究及可动资源潜力预测[D].北京:中国石油大学(北京).

白楠,2022.江汉盆地陈沱口凹陷新沟嘴组页岩孔隙结构及含油性特征[D].武汉:中国地质大学(武汉).

包友书,张林晔,张金功,等,2016.渤海湾盆地东营凹陷古近系页岩油可动性影响因素[J].石油与天然气地质,37(3):408-414.

巢前,蔡进功,周祺盛,等,2017.东营凹陷沙河街组 Es_3/Es_4 烃源岩热解特征及生烃差异研究[J].高校地质学报,23(4):688-696.

陈安定,宋宁,王文军,2008.苏北盆地上白垩统泰州组烃源层评价[J].中国海上油气,20(1):28-33.

陈方文,赵红琴,王淑萍,等,2019.渤海湾盆地冀中坳陷饶阳凹陷沙一下亚段页岩油可动量评价[J].石油与天然气地质,40(3):593-601.

陈建平,孙永革,钟宁宁,等,2014.地质条件下湖相烃源岩生排烃效率与模式[J].地质学报,88(11):2005—2031.

陈明铭,2019.辽河坳陷东部凹陷中南段烃源岩地球化学特征[J].化工管理,(5):74-75.

陈委涛,2016.沾化凹陷沙三下亚段页岩油成藏富集的边界地质条件[D].北京:中国石油大学(北京).

陈扬,胡钦红,赵建华,等,2022.渤海湾盆地东营凹陷湖相富有机质页岩纹层特征和储集性能[J].石油与天然气地质,43(2):307-324.

程涌,郭宇丰,陈国栋,等,2017.中国页岩气资源潜力、分布及特点[J].昆明冶金高等专科学校学报,33(5):17-24.

崔永谦,王飞宇,张传宝,等,2021.渤海湾盆地冀中坳陷霸县凹陷深层沙四段源岩有机相评价及意义[J].天然气地球科学,32(1):38-46.

邓荣敬,徐备,杨桦,等,2005.黄骅坳陷北塘凹陷古近系烃源岩特征与演化[J].油气地质与采收率,12(4):35-38.

刁帆,邹华耀,郝芳,等,2014.渤海湾盆地廊固凹陷烃源岩特征及其发育模式[J].石油与天然气地质,35(3):326-335.

董清源,刘小平,张盼盼,等,2015.孔南地区孔二段致密油生烃评价及有利区预测[J].特种油气藏,22(4):51-55.

杜小娟,2016.新沟地区新沟嘴组有效烃源岩地球化学特征[J].江汉石油职工大学学报,29(4):7-10.

段宏亮,何禹斌,2014.高邮凹陷阜四段页岩可压裂性分析[J].复杂油气藏,7(1):1-3.

范仕超,2020.潜江凹陷潜三段盐间页岩油储层孔隙结构特征及影响因素[D].北京:中国石油大学(北京).

方朝合,王义凤,郑德温,等,2007.苏北盆地溱潼凹陷古近系烃源岩显微组分分析[J].岩性油气藏,19(4):87-90.

方朝合,张枝焕,王义凤,等,2008.苏北盆地溱潼凹陷第三系烃源岩地球化学特征[J].西安石油大学学报(自然科学版),23(6):1-5.

冯国奇,李吉君,刘洁文,等,2019.泌阳凹陷页岩油富集及可动性探讨[J].石油与天然气地质,40(6):1236-1246.

冯留雷,2016.辽中凹陷古近系烃源岩地球化学特征及油气资源潜力分析[D].北京:中国地质大学(北京).

付茜,刘启东,刘世丽,等,2020.苏北盆地高邮凹陷古近系阜宁组二段页岩油成藏条件分析[J].石油实验地质,42(4):624-631.

付焱鑫,谭思哲,侯凯文,2019.南黄海盆地北凹泰州组烃源岩形成条件及资源潜力分析[J].吉林大学学报(地球科学版),49(1):230-239.

葛明娜,张金川,毛俊莉,等,2012.辽河坳陷东部凸起上古生界页岩气资源潜力评价[J].天然气工业,32(9):28-32.

葛昭蓉,2017.黄骅坳陷石炭—二叠系烃源岩评价[D].大庆:东北石油大学.

巩双依,2020.东濮凹陷含盐泥页岩孔隙演化特征及其定量表征[D].北京:中国石油大学(北京).

管文静,2020.潜江凹陷盐间页岩油"甜点"评价标准研究[J].江汉石油职工大学学报,33(3):15-17.

郭飞飞,柳广弟,2021.南襄盆地南阳凹陷古近系核桃园组核三段优质烃源岩分布与油气成藏特征[J].天然气地球科学,32(3):405-415.

郭旭升,2014.南方海相页岩气"二元富集"规律:四川盆地及周缘龙马溪组页岩气勘探实践认识[J].地质学报,88(7):1209-1218.

郭旭升,赵永强,申宝剑,等,2022.中国南方海相页岩气勘探理论:回顾与展望[J].地质学报,96(1):172-182.

国建英,2009.黄骅坳陷孔南地区生烃机制及资源潜力研究[D].北京:中国矿业大学(北京).

韩冬梅,2014.青东凹陷沙四上亚段烃源岩生烃潜力评价[J].复杂油气藏,7(2):5-8.

韩思杰,2016.济阳坳陷C—P煤系叠合型气藏成藏动力学过程及有利区预测[D].徐州:中国矿业大学(徐州).

韩文中,赵贤正,金凤鸣,等,2021.渤海湾盆地沧东凹陷孔二段湖相页岩油甜点评价与勘探实践[J].石油勘探与开发,48(4):777-786.

何建华,丁文龙,李瑞娜,等,2016.黄骅坳陷中区和北区沙河街组陆相页岩气形成条件及资源潜力[J].油气地质与采收率,23(1):22-30.

胡钦红,张宇翔,孟祥豪,等,2017.渤海湾盆地东营凹陷古近系沙河街组页岩油储集层微米—纳米级孔隙体系表征[J].石油勘探与开发,44(5):681-690.

胡素云,李建忠,王铜山,等,2020.中国石油油气资源潜力分析与勘探选区思考[J].石油实验地质,42(5):813-823.

胡英杰,王延山,黄双泉,等,2019.辽河坳陷石油地质条件、资源潜力及勘探方向[J].海相油气地质,24(2):43-54.

胡莹,2016.中美典型盆地泥页岩排烃效率地质研究[D].青岛:中国石油大学(华东).

黄爱华,薛海涛,王民,等,2017.东濮凹陷沙三下亚段页岩油资源潜力评价[J].长江大学学报(自然科学版),14(3):1-6.

黄文欢,陈全腾,丁慧霞,2022.渤海湾盆地博兴洼陷沙四上亚段泥页岩储层含油性与可动性评价[J].世界地质,41(2):298-306.

纪洪磊,刘莉,刘鹏飞,2017.潍北凹陷页岩气资源潜力分析[J].山东国土资源,33(1):44-47.

纪亚琴,刘义梅,冯武军,2013.苏北盆地盐城凹陷阜宁组烃源岩研究与成藏模式[J].石油实验地质,35(4):449-452.

贾承造,郑民,张永峰,2014.非常规油气地质学重要理论问题[J].石油学报,35(1):1-10.

贾泂乐,2020.冀中北部地区天然气资源潜力分析[D].北京:中国地质大学(北京).

贾屾,姜在兴,张文昭,2018.沾化凹陷页岩油储层特征及控制因素[J].海洋地质前沿,34(12):29-38.

贾艳雨,2021.泌阳凹陷页岩油储层孔隙发育特征与测井定量评价[J].能源与环保,43(3):109-114.

姜文利,2012.华北及东北地区页岩气资源潜力[D].北京:中国地质大学(北京).

姜文亚,王娜,汪晓敏,等,2019.黄骅坳陷沧东凹陷孔店组石油资源潜力及勘探方向[J].海相油气地质,24(2):55-63.

姜振学,李廷微,宫厚健,等,2020.沾化凹陷低熟页岩储层特征及其对页岩油可动性的影响[J].石油学报,41(12):1587-1600.

蒋金亮,2019.高邮凹陷烃源岩热演化历史研究[D].北京:中国石油大学(北京).

蒋伟,2012.资福寺洼陷烃源岩热演化特征研究[D].荆州:长江大学.

柯思,2017.泌阳凹陷页岩油赋存状态及可动性探讨[J].石油地质与工程,31(1):80-83.

孔祥赫,2019.临南洼陷沙三段有效烃源岩分布及生排烃特征研究[D].北京:中国石油大学(北京).

赖锦,凡雪纯,黎雨航,等,2022.苏北盆地古近系阜宁组页岩七性关系与三品质测井评价[J].地质论评,68(2):751-767.

冷筠滢,钱门辉,鹿坤,等,2022.渤海湾盆地东濮凹陷北部页岩油富集类型和烃类组成特征:以文410井古近系沙河街组三段为例[J].石油实验地质,44(6):1028-1036.

黎洋,刘登,2011.江陵凹陷成藏基本地质条件评价[J].中国科技信息(10):19-20.

李大伟,李明诚,王晓莲,2006.歧口凹陷油气聚集量模拟[J].石油勘探与开发,33(2):167-171.

李浩,陆建林,王保华,等,2020.渤海湾盆地东濮凹陷陆相页岩油可动性影响因素与资源潜力[J].石油实验地质,42(4):632-638.

李红磊,张云献,周勇水,等,2020.东濮凹陷优质烃源岩生烃演化机理[J].断块油气田,27(2):143-148.

李建华,余杰,王锐,等,2012.大民屯凹陷源控油气作用及资源潜力预测[J].科学技术与工程,12(12):2964-2970.

李乐,王自翔,郑有恒,等,2019.江汉盆地潜江凹陷潜三段盐韵律层页岩油富集机理[J].地球科学,44(3):1012-1023.

李明,杜庆国,颜新林,2020.辽河坳陷滩海地区烃源岩特征与评价[J].承德石油高等专科学校学报,22(5):13-17.

李丕龙,张善文,王永诗,等,2004.断陷盆地多样性潜山成因及成藏研究——以济阳坳陷为例[J].石油学报,25(3):28-31.

李维,2021.高邮/金湖凹陷阜宁组二段混合沉积环境与储层特征[D].北京:中国石油大学(北京).

李小龙,孙伟,2022.页岩油储层"七性"关系评价研究:以苏北盆地溱潼凹陷阜宁组二段为例[J].非常规油气,9(6):34-41.

李晓光,陈昌,韩宏伟,2022.辽河坳陷成熟探区油气深化勘探认识及实践[J].特种油气藏,29(6):73-82.

李晓光,刘兴周,李金鹏,等,2019.辽河坳陷大民屯凹陷沙四段湖相页岩油综合评价及勘探实践[J].中国石油勘探,24(5):636-648.

李亚茜,2019.南堡凹陷沙三段烃源岩排烃特征及资源潜力分析[D].北京:中国石油大学(北京).

李志明,钱门辉,黎茂稳,等,2020.盐间页岩油形成有利条件与地质甜点评价关键参数:以潜江凹陷潜江组潜34-10韵律为例[J].石油实验地质,42(4):513-523.

李志明,陶国亮,黎茂稳,等,2019.渤海湾盆地济阳坳陷沾化凹陷L69井古近系沙三下亚段取心段页岩油勘探有利层段[J].石油与天然气地质,40(2):236-247.

李志明,张隽,余晓露,等,2013.南襄盆地泌阳凹陷烃源岩成熟度厘定及其意义[J].石油实验地质,35(1):76-80.

廖然,2012.沧东凹陷低熟油形成条件及资源潜力[J].中国石油和化工标准与质量,33(16):143-144.

林腊梅,2013.页岩气资源评价方法研究及应用[D].北京:中国地质大学(北京).

刘海涛,胡素云,李建忠,等,2019.渤海湾断陷湖盆页岩油富集控制因素及勘探潜力[J].天然气地球科学,30(8):1190-1198.

刘惠民,2022.济阳坳陷页岩油勘探实践与前景展望[J].中国石油勘探,27(1):73-87.

刘惠民,李军亮,刘鹏,等,2022.济阳坳陷古近系页岩油富集条件与勘探战略方向[J].石油学报,43(12):1717-1729.

刘洁文,2019.泌阳凹陷陆相页岩油富集及可动性研究[D].青岛:中国石油大学(华东).

刘平兰,2009①.苏北海安凹陷泰州组烃源岩评价[J].石油实验地质,31(4):389-393.

刘平兰,2009②.苏北盆地高邮凹陷泰州组烃源岩评价[J].天然气地球科学,20(4):598-602.

刘心蕊,吴世强,陈凤玲,等,2021.江汉盆地潜江凹陷潜江组盐间页岩油储层特征研究:以潜34-10韵律为例[J].石油实验地质,43(2):268-275.

刘宣威,王学军,李红磊,等,2021.东濮凹陷古近系烃源岩特征及其形成环境分析[J].断块油气田,28(4):452-455,474.

刘毅,2018.渤海湾盆地济阳坳陷沙河街组页岩油储层特征研究[D].成都:成都理工大学.

刘毅,陆正元,戚明辉,等,2017.渤海湾盆地沾化凹陷沙河街组页岩油微观储集特征[J].石油实验地质,39(2):180-185.

卢明国,2007.江陵凹陷烃源岩热演化史探讨[J].石油天然气学报(江汉石油学院学报),29(3):49-51.

吕明久,2012.南襄盆地南阳凹陷烃源岩再认识与资源潜力[J].石油与天然气地质,33(3):392-398.

罗开平,邱歧,叶建中,2013.江汉盆地江陵凹陷油气富集规律与勘探方向[J].石油实验地质,35(2):127-132.

马学峰,杨德相,王建,等,2019.渤海湾盆地冀中坳陷石油地质条件、资源潜力及勘探方向[J].海相油气地质,24(3):8-20.

毛俊莉,2020.辽河西部凹陷页岩油气成藏机理与富集模式[D].北京:中国地质大学(北京).

苗钱友,朱筱敏,姜振学,等,2016.传统油气地质理论的突破与创新及非常规油气资源潜力[J].地球科学与环境学报,38(4):505-516.

彭君,周勇水,李红磊,等,2021.渤海湾盆地东濮凹陷盐间细粒沉积岩岩相与含油性特征[J].断块油气田,28(2):212-218.

彭文泉,2016.潍北凹陷孔店组二段页岩气资源潜力分析[J].山东国土资源,32(11):35-39.

秦承志,王先彬,林锡祥,等,2002.辽河盆地埋藏史及烃源岩成熟度演化史的数值模拟[J].沉积学报,20(3):493-498.

任东超,2017.鄂尔多斯盆地东部马家沟组中组合天然气资源潜力评价[D].成都:成都理工大学.

芮晓庆,周圆圆,李志明,等,2020.苏北盆地阜宁组源储特征及页岩油勘探方向探讨[J].海洋地质与第四纪地质,40(6):133-144.

单衍胜,2013.辽河坳陷古近系页岩油气聚集条件与分布[D].北京:中国地质大学(北京).

尚飞,解习农,李水福,等,2018.基于地球物理和地球化学数据的页岩油甜点区综合预测:以泌阳凹陷核三段5号页岩层为例[J].地球科学,43(10):3640-3651.

尚瑞,2020.高邮凹陷阜宁组油气资源评价[D].荆州:长江大学.

申旭,2018.苏北盆地海安凹陷阜二段烃源岩评价[J].化工管理(23):149-150.

沈均均,陶国亮,陈孔全,等,2021.江汉盆地潜江凹陷古近系盐间页岩层系湖相白云岩储层发育特征及形成机理[J].石油与天然气地质,42(6):1401-1413.

沈云琦,金之钧,苏建政,等,2022.中国陆相页岩油储层水平渗透率与垂直渗透率特征:以渤海湾盆地济阳坳陷和江汉盆地潜江凹陷为例[J].石油与天然气地质,43(2):378-389.

苏田磊,2019.鄂尔多斯盆地长7段页岩油资源潜力评价[D].北京:中国石油大学(北京).

孙超,2017.东营凹陷页岩油储集空间表征及其形成演化研究[D].南京:南京大学.

孙焕泉,2017.济阳坳陷页岩油勘探实践与认识[J].中国石油勘探,22(4):1-14.

谈玉明,李红磊,张云献,等,2020.东濮凹陷古近系优质烃源岩特征与剩余资源潜力分析[J].断块油气田,27(5):551-555.

仝志刚,席小应,王鹏,等,2017.南黄海盆地南五凹油气资源潜力再评价:基于生烃动力学数值模拟方法[J].中国海上油气,29(1):23-28.

王冰洁,罗胜元,陈艳红,等,2012.东营凹陷博兴洼陷石油生成、运移和聚集史数值模拟[J].石油与天然气地质,33(5):675-685.

王丹君,2021.冀中坳陷束鹿凹陷沙三上亚段层序地层与沉积体系研究[D].昆明:昆明理工大学.

王柯,叶加仁,郭飞飞,等,2011.潜江凹陷蚌湖向斜带烃源岩特征及生排烃史[J].地质科技情报,30(5):83-88.

王民,马睿,李进步,等,2019.济阳坳陷古近系沙河街组湖相页岩油赋存机理[J].石油勘探与开发,46(4):789-802.

王敏,陈祥,严永新,等,2013.南襄盆地泌阳凹陷陆相页岩油地质特征与评价[J].古地理学报,15(5):663-671.

王韶华,聂惠,马胜钟,等,2022.江汉盆地潜江凹陷古近系潜江组盐间页岩油资源评价与甜点区预测[J].石油实验地质,44(1):94-101.

王世梁,2017.辽东湾地区古近系油气资源潜力评价[D].青岛:中国石油大学(华东).

王信棚,2018.延长油田西部长6—长8段致密油资源潜力评价[D].北京:中国石油大学(北京).

王延山,胡英杰,黄双泉,等,2018.渤海湾盆地辽河坳陷天然气地质条件、资源潜力及勘探方向[J].天然气地球科学,29(10):1422-1432.

王永建,王延斌,郑亚斌,等,2007.苏北盆地高邮凹陷泰州组烃源岩演化[J].石油实验地质,29(4):411-414.

王永臻,2020.冀中坳陷东北部石炭—二叠系煤成气资源潜力分析及有利区预测[D].北京:中国地质大学(北京).

王勇,王学军,宋国奇,等,2016.渤海湾盆地济阳坳陷泥页岩岩相与页岩油富集关系[J].石油勘探与开发,43(5):696-704.

王则,2020.东濮凹陷沙河街组页岩可动油影响因素与评价[D].北京:中国石油大学(北京).

王振升,刘庆新,谭振华,等,2009.黄骅坳陷歧南凹陷烃源岩评价[J].天然气地球科学,20(6):968-971.

蔚远江,王红岩,刘德勋,等,2021.陆相页岩油勘探"进源找油"探索与思考:以渤海湾盆地歧口凹陷沙一段为例[J].地球科学与环境学报,43(1):117-134.

文剑航,2019.黄骅坳陷板桥凹陷沙一段油气成藏条件与勘探潜力[D].北京:中国石油大学(北京).

武夕人,2018.饶阳凹陷中北部页岩油资源潜力分级评价与有利区预测[D].青岛:中国石油大学(华东).

武晓玲,2013.渤海湾盆地南部古近系页岩油成藏条件及资源潜力[D].北京:中国地质大学(北京).

武晓玲,高波,叶欣,等,2013.中国东部断陷盆地页岩油成藏条件与勘探潜力[J].石油与天然气地质,34(4):455-462.

肖敦清,姜文亚,蒲秀刚,等,2018.渤海湾盆地歧口凹陷中深层天然气成藏条件与资源潜力[J].天然气地球科学,29(10):1409-1421.

谢向东,王光明,梁善杰,等,2010.胜利油区沾化凹陷孤南洼陷资源评价及勘探潜力研究[J].资源与产业,12(5):68-73.

徐波,郭华强,林拓,等,2010.辽河坳陷西部凹陷油气成藏期次[J].油气地质与采收率,17(1):12-14.

徐崇凯,2018.江汉盆地潜江凹陷咸化特征与烃源岩发育的关系[D].西安:西北大学.

徐二社,陶国亮,李志明,等,2020.江汉盆地潜江凹陷盐间页岩油储层不同岩相微观储集特征:以古近系潜江组三段4亚段10韵律为例[J].石油实验地质,42(2):193-201.

徐姝慧,2018.江汉盆地潜江凹陷北部油气生储条件及油气运移指向[D].武汉:中国地质大学(武汉).

徐云龙,张洪安,李继东,等,2022.渤海湾盆地东濮凹陷陆相页岩层系储集特征及其主控因素[J].断块油气田,29(6):729-735.

杨傲然,贾艳雨,谭静娟,等,2013.南阳凹陷陆相页岩油形成条件及勘探潜力分析[J].石油地质与工程,27(3):8-11.

杨帆,王权,郝芳,等,2020.冀中坳陷饶阳凹陷北部烃源岩生物标志物特征与油源对比[J].地球科学,45(1):263-272.

杨勇,2023.济阳陆相断陷盆地页岩油富集高产规律[J].油气地质与采收率,30(1):1-20.

姚红生,昝灵,高玉巧,等,2021.苏北盆地溱潼凹陷古近系阜宁组二段页岩油富集高产主控因素与勘探重大突破[J].石油实验地质,43(5):776-783.

殷杰,2018.饶阳—霸县凹陷烃源岩发育机理与分布规律[D].北京:中国石油大学(北京).

尹向烟,2018.黄骅坳陷北大港凸起中生界、上古生界潜山油气资源潜力评价[D].青岛:中国石油大学(华东).

于超,2015.沧东凹陷孔二段烃源岩评价及生排烃研究[J].内蒙古石油化工(10):142-143.

于学敏,何咏梅,姜文亚,等,2011.黄骅坳陷歧口凹陷古近系烃源岩主要生烃特点[J].天然气地球科学,22(6):1001-1008.

于仲坤,2012.济阳坳陷 Es_4-Ek 油气资源评价[D].大庆:东北石油大学.

昝灵,2020.苏北盆地金湖凹陷北港次洼古近系阜宁组二段页岩油富集特征及主控因素[J].石油实验地质,42(4):618-626.

昝灵,骆卫峰,马晓东,2016.苏北盆地溱潼凹陷阜二段烃源岩生烃潜力及形成环境[J].非常规油气,3(3):1-8.

昝灵,骆卫峰,印燕铃,等,2021.苏北盆地溱潼凹陷古近系阜宁组二段页岩油形成条件及有利区评价[J].石油实验地质,43(2):233-241.

曾宏斌,王芙蓉,罗京,等,2021.基于低温氮气吸附和高压压汞表征潜江凹陷盐间页岩油储层孔隙结构特征[J].地质科技通报,40(5):242-252.

张波,吴智平,王永诗,等,2017.沾化凹陷三合村洼陷油气多期成藏过程研究[J].中国石油大学学报(自然科学版),41(2):39-48.

张采彤,2020.江汉盆地潜江凹陷潜江组盐间页岩含油性及可动性分析[D].北京:中国石油大学(北京).

张春池,彭文泉,胡彩萍,等,2020.山东省主要页岩气储层特征与资源潜力[J].地质学报,94(11):3421-3435.

张杰,邱楠生,王昕,等,2005.黄骅坳陷歧口凹陷热史和油气成藏史[J].石油与天然气地质,26(4):505-511.

张林晔,包友书,李矩源,等,2014.湖相页岩油可动性:以渤海湾盆地济阳坳陷东营凹陷为例[J].石油勘探与开发,41(6):641-649.

张林晔,孔祥星,张春荣,等,2003.济阳坳陷下第三系优质烃源岩的发育及其意义[J].地球化学,32(1):35-42.

张鹏飞,卢双舫,李俊乾,等,2019.湖相页岩油有利甜点区优选方法及应用:以渤海湾盆地东营凹陷沙河街组为例[J].石油与天然气地质,40(6):1339-1350.

张锐锋,陈柯童,朱洁琼,等,2021.渤海湾盆地冀中坳陷束鹿凹陷中深层湖相碳酸盐岩致密储层天然气成藏条件与资源潜力[J].天然气地球科学,32(5):623-632.

张善文,2012.中国东部老区第三系油气勘探思考与实践:以济阳坳陷为例[J].石油学报,33(增刊1):53-62.

张鑫,2020.泌阳凹陷油气成藏过程及勘探潜力分析[D].北京:中国地质大学(北京).

张延东,2012.辽东湾海域辽中富烃凹陷古近系油气资源潜力评价[D].成都:成都理工大学.

章新文,王优先,王根林,等,2015.河南省南襄盆地泌阳凹陷古近系核桃园组湖相页岩油储集层特征[J].古地理学报,17(1):107-118.

赵鸿皓,2018.渤海湾盆地不同凹陷油气成藏期差异性及主控因素[D].青岛:中国石油大学(华东).

赵盼旺,2018.束鹿凹陷页岩滞留油气地球化学特征与可动油预测[D].北京:中国地质大学(北京).

赵文智,胡素云,侯连华,等,2020.中国陆相页岩油类型、资源潜力及与致密油的边界[J].石油勘探与开发,47(1):1-10.

赵贤正,金凤鸣,周立宏,等,2022a.渤海湾盆地风险探井歧页1H井沙河街组一段页岩油勘探突破及其意义[J].石油学报,43(10):1369-1382.

赵贤正,蒲秀刚,周立宏,等,2021.深盆湖相区页岩油富集理论、勘探技术及前景:以渤海湾盆地黄骅坳陷古近系为例[J].石油学报,42(2):143-162.

赵贤正,周立宏,蒲秀刚,等,2020.湖相页岩滞留烃形成条件与富集模式:以渤海湾盆地黄骅坳陷古近系为例[J].石油勘探与开发,47(5):856-869.

赵贤正,周立宏,蒲秀刚,等,2022b.湖相页岩型页岩油勘探开发理论技术与实践——以渤海湾盆地沧东凹陷古近系孔店组为例[J].石油勘探与开发,49(3):616-626.

赵贤正,周立宏,赵敏,等,2019.陆相页岩油工业化开发突破与实践:以渤海湾盆地沧东凹陷孔二段为例[J].中国石油勘探,24(5):589-600.

赵彦德,孙建平,林承焰,等,2008.济阳坳陷车西洼陷古近系原油地球化学特征及成藏期次分析[J].新疆石油天然气,4(2):21-25.

郑民,白雪峰,王颖,等,2021.中国陆上主要含油气盆地资源潜力与勘探方向[M].北京:石油工业出版社.

钟雪梅,2017.二连盆地阿尔凹陷资源潜力评价[D].大庆:东北石油大学.

钟雪梅,王建,李向阳,等,2018.渤海湾盆地冀中坳陷天然气地质条件、资源潜力及勘探方向[J].天然气地球科学,29(10):1433-1442.

周立宏,韩国猛,杨飞,等,2021.渤海湾盆地歧口凹陷沙河街组三段一亚段地质特征与页岩油勘探实践[J].石油与天然气地质,42(2):443-455.

周立宏,蒲秀刚,肖敦清,等,2018.渤海湾盆地沧东凹陷孔二段页岩油形成条件及富集主控因素[J].天然气地球科学,29(9):1323-1332.

朱晨曦,2020.东濮凹陷沙三下亚段页岩油资源潜力分析及富集机制[D].北京:中国石油大学(北京).

朱景修,章新文,罗曦,等,2015.泌阳凹陷陆相页岩油资源与有利区评价[J].石油地质与工程,29(5):38-42.